贴心小棉袄

单身妈妈育儿笔记

素咖啡◎著

清华大学出版社

北京

图书在版编目（CIP）数据

贴心小棉袄：单身妈妈育儿笔记 / 素咖啡著. — 北京：清华大学出版社，2013.4
（幸福成长）

ISBN 978-7-302-31453-0

Ⅰ．①贴… Ⅱ．①素… Ⅲ．①婴幼儿—哺育 Ⅳ．①TS976.31

中国版本图书馆CIP数据核字(2013)第020145号

责任编辑：张立红　史　涛
封面设计：培捷文化
责任校对：杨　阳
责任印制：杨　艳

出版发行：清华大学出版社
　　　　　网　　址：http://www.tup.com.cn，http://www.wqbook.com
　　　　　地　　址：北京清华大学学研大厦 A 座　邮　编：100084
　　　　　社 总 机：010-62770175　　　　　邮　购：010-62786544
　　　　　投稿与读者服务：010-62776969，c-service@tup.tsinghua.edu.cn
　　　　　质 量 反 馈：010-62772015，zhiliang@tup.tsinghua.edu.cn
印 装 者：三河市金元印装有限公司
经　　销：全国新华书店
开　　本：148mm×210mm　　印　张：7　　字　数：141 千字
版　　次：2013 年 4 月第 1 版　　印　次：2013 年 4 月第 1 次印刷
定　　价：28.00 元

产品编号：051658-01

单身职场钢铁妈妈是怎样炼成的

——《贴心小棉袄》成长日记

　　我认识素咖啡的时候，她已经怀孕6个月了，之所以印象深刻，是因为她当时正在负责银行家培养计划，非常忙碌，精神抖擞，我很吃惊，因为，一点都看不出来她是个孕妇。

　　当我快忘记她的时候，忽然有一天她带着一个小公主一般可爱的女婴出现在我面前。作为一个好不容易把孩子养得半大的母亲，我惊讶素咖啡自己一个人带孩子的潇洒。想一想很多母亲因为父亲管孩子太少都要深深幽怨呢，在单身妈妈素咖啡的生活中不可能没有一点怨恨，但是这怨比暴风雨还要短暂，更多的、更加绵延悠长的是：完全无条件、无底线、无节制的对孩子的爱。

　　有一次，她告诉我正在写遗言，说她死后，孩子将由我来收养。"你的意思是，万一你哪一天坐飞机那个什么的……宝贝囡囡就归我了。"我高兴坏了，"我没有咒你的意思啊，千万不要误会，主要是你这样说搞得我很期待呢，嘿嘿……"

　　她显得少有的萎靡，告诉我头疼得厉害，我害怕了，如果她不在了，小囡囡就更可怜了！

　　我催她去医院好好治疗，她说已经去过很多次医院了，一直在吃药。久病成医的我，立刻做出"江湖医生"的判断："你得的是重度

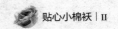

鼻窦炎，一定要去医院输液，必须输青霉素！"第二天打电话，问她输液了吗？她说没有，忙得要死。我急了："必须马上去！"再一天的下午，她打来电话："输了两天液，感觉明显好了。唉，我要是早遇到你，我妈妈就不会死了。"原来她妈妈就是多年鼻窦炎转为鼻窦癌去世的。

上帝关上门后，一定会留下一扇窗。

我让她看一些优秀家教书，这样带孩子会更轻松，她说不考虑。因为那些书的作者都不是单身父母，无法体会单身妈妈的心理；还有，她要把自己最重要的亲人——宝贝女儿培养成自己的贴心小棉袄，而不是像一些家教书的妈妈那样，把孩子培养成远离自己的名校生！

本来《贴心小棉袄》这本书是为天下的单身妈妈出的，想让具有同样心理拒绝普通家教书的单身妈妈们有一本和她们同样境遇的家教书，可以产生共鸣的爱，以便互相慰藉，互相学习。

但是，看了书稿后，作为一个普通家庭的妈妈，我不得不说，里面很多内容对我也非常有用。很多妈妈向我抱怨，孩子很容易生病。而素咖啡的养育心得让我知道了：为什么看似完全不经意的、缺乏细心饮食照顾的宝宝会那么百病不侵？

同样希望这本书让那些孩子缺失的另一半父母看到，对于孩子来说，家不是大房子，更不是锦衣玉食，而是爸爸妈妈都在身边的小小三人世界！

张立红

目录
Contents

第一章 人之初

最喜欢欣赏宝宝夏天里只穿着纸尿裤的样子，裸着全身上下比丝缎还细还软还嫩还滑的肌肤，棉柔柔的短裤刚好包住那嫩嫩的小屁屁，鼓鼓囊囊的小肚肚暴露着，节节的藕臂和小腿来回不断地挥动着……好玩极了。

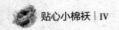

第二章 1-2岁

正在办公室忙碌，妹妹打来电话兴高采烈地说："姐姐你什么时候回来啊，宝宝突然学会走路了，竟然能一口气走八九步。"

我喜出望外，急急收拾电脑从公司往家中赶。

第三章 2-3岁

不知不觉中，在南方与北方的归去来中，在一会儿北京一会儿江南的时空变换中，宝宝两周岁了，长大了，这也意味着她在未来与我一起的飞行中再也不能买婴儿票，而不得不以五折机票一直坚持到十来岁，这是航空公司关于两周岁以上儿童票价的规定，这意味着未来N年，我和宝宝的飞行成本要大大地甚至成倍地增长啦，因为她的票经常会比我的特价机票还要贵很多。

第四章　3-4岁

傍晚去幼儿园接宝宝，高高的铁艺通透镂花门里传来值班老师的喊声："京京，妈妈来接了！"

紧接着，京京就举着胳膊像只张着翅膀的小鸟儿似的从教室区的大门口跑过来，飞一般，直冲我而至，我忙喊："慢点、慢点，别摔跤。"

第五章 4-5岁

从幼儿园到家的路，步行时间是一刻钟，但是，如果与京京一起步行回家，至少需要半个小时。每天的这半个小时中，真的可以做很多事情。诸如可以让她温习在幼儿园学习的新课程，背诵当天学到的唐诗或《三字经》之类，有一首唐诗就是今年春天在路上背会的：

一去二三里，烟村四五家。亭台六七座，八九十枝花。

平仄有致的音律，抑扬顿挫的声调，甜甜的清脆的童声，随着我们迤逦而行的身影，平铺在那条放学路上，吸引着无数陌生路人的目光。

新天地双语艺术幼儿园幼儿画

第一章 人之初

最喜欢欣赏宝宝夏天里只穿着纸尿裤的样子，裸着全身上下比丝缎还细还软还嫩还滑的肌肤，棉柔柔的短裤刚好包住那嫩嫩的小屁屁，鼓鼓囊囊的小肚肚暴露着，节节的藕臂和小腿来回不断地挥动着……好玩极了。

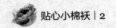

粉雕玉琢婴儿肥

宝贝在肚子里还不足月，就被提前剖腹产出来，在听到细细嫩嫩的哇哇哭声后，医生告诉我宝宝5.6斤，除了那张粉嘟嘟的小脸稍稍有些小肉肉，四肢都很细小，显得很瘦弱的样子，这当然不是我们所期望的理想的份量，但也很知足了，因为生她之前我的体重只有120斤。

嘴巴小小的，手小小的，脚小小的……脸庞和全身都显得又黑又黄，我甚至怀疑这是不是我生的孩子，但医生说至少满月之后才会蜕去黄气。

那个小小的身躯，躺在我们所住的阳光产房的婴儿车里，虽然离我的床很近，可是心里仍惴惴的，这样一个幼弱的小生命刚刚脱离母体，还不知外面的世界为何物就开始独自一个人面对外面的世界了？于是总担心她的衣服够不够软，够不够暖，身上的被子毛毯盖得是不是够多够厚。

小家伙生下来的当天下午就能够喝喂到她嘴边的水，喝的时候甚至还有咕咕声，喝完张着小嘴还要喝，于是从那时起，她奶奶就给她起了个外号"大肚婆"。前三天小家伙除了喝了点水以外几乎没吃什么东西，每天从早到晚地闭着眼睛大睡，直到在医生的辅导之下，作为母亲的我的奶水来了，才给她创造了雨后春笋般茁壮成长的条件。在医院的前七天，奶奶每天都要亲自煮江南做月子必吃的糯米核桃酒给我喝，说这样可以更快更好更浓地下奶。果不其然，小宝宝是那样地有口福，奶水足得只要宝宝吸一只，另一只就像开了龙头的花洒，哗哗流个不停。

刚刚出院的那段时间，医生叮嘱每两个小时就要给宝宝喝一次奶，看着襁褓中的小生命，我通常一个小时就喂她一次，希望她能长得快些再快些。

第一个月里的几乎每个晚上，我都不敢入睡，经常出神地看着她，一是担心宝宝肚子饿了而我却睡着了，二是担心旁边的爸爸睡觉翻身时会不小心压到她。

满月之后，宝宝身上和脸上的黄气淡多了，可一天中的大部分时间都在睡觉，不顾她爸爸和奶奶的劝阻，我还是把她从江南带回了北京，一直相信北京的皇天厚土会让她成长得更好。

有苗儿不愁长，再加上她姨姨专业专心地照看，小家伙越发茁壮地成长起来了，几乎一天变一个样儿，黄气褪去，体重增加，头发长

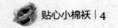

长了，手舞足蹈的次数增加了，幅度也增大了，甚至有一天大约凌晨三点钟，在喝奶之前她竟然用眼睛看着我既像自言自语又像与我说话似的"哦，哦"地叫着，我兴奋地赶紧抓起电话打给她爸爸："你女儿开始学说话了！"

将近三个月时，小家伙就彻底变得白嫩嫩的了。粉雕玉琢，我第一次真正理解了这个词的含义。肉肉多了，脸蛋鼓了，小手小脚厚实了，腿部也粗壮了，甚至连背部的肌肉都厚了起来，我和妹妹开始用"虎背熊腰"来形容她。

现在，四个月刚过，宝宝的体重估计接近二十斤了吧？给她剃光了头发后，愈发显得白白胖胖、虎头虎脑，于是我们又给她下了一个定义："婴儿肥"。

2008年5月17日

贴心贴士

　　一定要坚持母乳喂养，王道也。

一天到晚游泳的鱼

宝宝四个月时，便开始学着伸手抓东西了。

我的笔记本电脑整天整夜地开着，为了休眠时的赏心悦目，便从北京奥组委官方网站下载了奥运会倒计时的FLASH卡通程序作为屏幕保护画面，画面上除了奥运倒计时钟，还有绿绿的荷叶和粉粉的荷花，在一圈圈涟漪和水波荡漾中，几尾鲜红的小鱼儿时不时穿梭其间……的确是非常艳丽非常好看的画面。

她小姨抱着宝宝从电脑桌前走过，宝宝兴奋得手舞足蹈、整个身体向上一蹿一蹿、急火火地就要伸手去抓电脑屏幕保护程序中的游鱼，嘴巴里还兴奋地"哈哈"地大喊大叫。

一天到晚游泳的"鱼"，也成为宝宝的开心果，这家伙可比那些鱼爱运动多了。只要她醒着，手脚便不停地挥来挥去，既像跑步又好像骑自行车，尤其当她感觉到大人的身体在她脚边儿上时，她就愈发激烈地蹬蹬踏踏，直到大人跟她达成一致地玩到一起。

爱运动的宝宝不仅越来越不愿长久地躺在床上，而且越来越不愿仅限于室内生活了。自从前不久妹妹开始试着抱着她出去赏桃花、晒太阳开始，小家伙儿便不再满足于躺在床上玩了，一定要人抱着，不仅要抱着，还要抱着她走来走去、晃来晃去，或者索性让我们扶着她坐在临街的那个窗台上看外面的车水马龙，每每此时，这家伙便乐不颠儿的。

前不久，她小姨第一次使用婴儿背带背她出门，到附近的街心公园里游玩，第一次过马路，第一次看到来往的车辆，一辆一辆嗖嗖地疾驶而过，小家伙儿的眼睛开始变得更加忙碌更加不够用了，她的头也随着一辆辆的车从左到右地扭来扭去。

胖嘟嘟的宝宝走到哪里都人见人爱，街心公园里锻炼身体的爷爷奶奶们都惊叹小家伙儿的健壮，很多路过的陌生人见到她都会边摸她的小手小胳膊边夸着说："这小伙儿，真壮！"

有时候我们不得不向人解释，这是个女孩儿。

小家伙的确很胖很健壮，她爸爸回到浙江后向一位老人家展示电脑中存的照片，那位老人家说如果不知道她只有四五个月大，还以为她四五岁了呢。

尤其不能让人忽略的是她的大腿，几乎快赶上我小腿的周长了，早一两个月买来的纸尿裤已经很紧，最近，我不得不认真研究了纸尿裤的结构，然后特意给她选购了更柔软更有弹性的中号纸尿裤，适合体重约22斤。抱一大包回家，抽出一块，包上她那不知何时会尿尿拉屎的屁股，正好合适。

穿上合适的纸尿裤，刚刚会翻身会爬的宝宝运动起来就更加如鱼得水了。北京的天气越来越热，我和妹妹打算夏天就让她下身穿个纸尿裤、上身穿个吊带衫这样简简单单凉凉爽爽地度过了，谁让她那么胖呢？前两天我还强迫小妹为宝宝减肥，不能再给她加喝奶粉，要以母乳为主。可是胃口倍儿好吃吗吗香的宝宝被饿得哇哇地叫，心疼她的妹妹终于放弃了给她制定的瘦身计划。

这个小家伙儿一直很容易激动，不仅容易激动，还特别爱笑，只要你稍稍用眼睛扫她一眼，她立马心领神会乐颠颠地脸上笑开了花，动不动就乐、一逗就乐、不逗也乐、没事儿自己偷着乐、睡觉了在梦中还乐……妹妹给她起了个绰号叫"笑瓢儿"，的确十分恰如其分。

很多朋友问我宝宝闹不闹。我说爱闹，但不是爱哭而是爱笑。

见到电脑屏保上的那些做游动状的小鱼儿更是乐个不停，见到小鱼缸里的鱼游来游去也高兴得不得了。我和妹妹决定再买个大点的鱼缸，再多买几条鱼，相信活蹦乱跳的小鱼儿们会是宝宝很好的玩伴。

2008年5月24日

贴心贴士

千万不要给宝宝减肥，婴儿不怕胖。

兰花指 & 藕臂

人们说每个不满百天的小孩子都是一尊佛，有着非凡的灵性，虽不能说话却能洞察成年人用肉眼看不到的东西。留心观察我们的宝宝，似乎的确有着传说中的奇异，不仅形似，而且神似。

她的手指从出生就经常翘着兰花指，有时会像寺院中供奉的观世音菩萨般把小指和无名指同时翘起，喝奶的时候一只手背在身后，另一只手像参佛打坐施礼般在胸前举着，她的耳朵也长得肉嘟嘟的，眉毛虽然颜色很浅，但已能看出眉形，像是在娘胎里就经过了精心的描眉画眼，那双小脚丫儿也小小的胖胖的厚厚的软软的，像一对小元宝。宝宝身上的所有都让人想起佛祖的雕像。

"瞧你那几颗小蒜瓣儿！"妹妹时不时地逗弄着她那几个小脚指头。

宝宝的手臂与胳膊的连接处凹陷下去后很快又明显地鼓了起来，

一段一段水嫩嫩地像极了莲藕，摸上去有丝绸般的精细与滑爽，除了关节之外找不到任何褶皱与纹路。

宝宝的肤色，奶白中透着粉，粉中又透着奶白，皮肤和小肉肉看起来有着几近透明的丝滑水嫩的质感，似乎一接触就能碰出水来。

宝宝的脸蛋儿也是肥肥的鼓鼓的，把眼睛挤得有点像初五的月牙儿，这样的脸蛋儿之下几乎是找不到脖子的，除了为她洗澡的时候。

父辈的人说，只要有苗儿就不愁长大，可不，眼看着宝宝从刚刚出生时的三四十厘米一下子长到了66厘米，我们都惊异于她长大的速度，像吃了催化剂和发酵粉般。一个月前为她买来穿着很宽松的小袜套儿现在穿起来已经显得很紧张了，那双藕臂和那两条藕腿儿现在早已粗粗实实的了。妹妹经常抻着她的大腿和小腿跟她逗着玩儿说："这哪里是腿，简直是大肥肘子啊。"

北京的天气越来越热，我们已经开始为她换上爬服、裙装和无袖衫，轻装上阵的宝宝在床上翻滚起来就更游刃有余了。

宝宝长大了，虽然只有四个月零十二天，但是不知不觉中，那眼神、身体和行动似乎都越来越善解人意了，只要你瞄她一眼，她马上在第一时间对你笑一下，即使那时她已经很困倦很想睡觉，也会很及时礼貌地应对你的每一次的逗乐，接着再倒头睡去。晚上睡在她身边，听着她轻轻的呼吸，看着她嘴角时不时浮现的微笑，很有成就感。她经常趁我睡着蹭到我的胳膊肘下，甚至索性那么匍匐着趴着睡，就那么挨着我。

自从生了她，晚上我房间里的灯就再也没有熄过，每每灯下细看

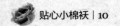

那段段藕臂、节节兰花指、胖胖小脚丫儿、睡意深沉中美滋滋的小脸
蛋儿，我就不由自主地想：我们有前生后世吗？但是此生，她是我的
女儿。

宝宝四个月零十二天

2008年5月27日

贴心贴士

四个月的时候，记得给宝宝买爬服。

在浴盆里撒欢儿

沐浴更衣是宝宝每天的必修课。

初夏，正值宝宝四个多月的一天晚上，妹妹照例把她放到滴了儿童沐浴露的专用浴盆里，然后托着她的后脖子给她洗澡。

而我则在客厅继续忙着我的家居琐事，只听妹妹一声惊叫："哎呀！宝宝，你站起来啦?!"

我连忙跑到洗浴间，宝宝的腿脚正直直地站在浴盆里，双臂由妹妹半扶半托地支撑着，两只小手前后左右没有规则地挥来挥去，时不时放在嘴里喔着，口水拉着长线儿滴到她的小肚肚上。

这是宝宝出生以来第一次在沐浴的时候站起来，在此之前每次为她洗澡，都是由我们托住她的后脑勺儿，而她总是手脚并举地在水中扑扑腾腾地把水溅得到处都是，小脚儿踢腾着浴盆的沿儿，随着每一次踢踏，整个身体猛烈地向后错动，头部也随着节奏碰撞到浴盆的边沿上，咚咚作响，但小家伙非但不觉疼痛，反而觉得更加好玩，踢踏得越来越欢实，嘴巴里还唱歌似的哼哼哈哈地喊着号子，自己为自己加油。

在浴盆里尽情地撒欢成了宝宝每天最开心最自由的时光。每天临睡之前给她脱掉所有的衣物，把她扔到水里，看她在浴盆中尽情嬉戏自得其乐的样子，我和妹妹每每也都随着她乐得前仰后合。不过，那个浴盆已越来越盛不下她了，她的头抵着浴盆的一端，脚抵着另一端，不见她长个头，只看到浴盆和衣服相对于她越来越小。在她满月刚刚回到北京的时候，妹妹买了一个大号的脸盆当成她的洗澡盆，那时候宝宝还不到40厘米，那样的一个脸盆装这样的一个小小孩儿绰绰有余。可是，只不到一个月的工夫，用那个盆便显得不够用了，在妹妹的催促之下，我又特意为她买来专业儿童浴盆。

初用那个大号的儿童浴盆，大大的。放温水至五分之四的位置上，然后把宝宝托着放进去，她的表情显得有些惴惴地、怕怕地，眼神里满是求助般的渴望，因为相对于小小的她，盆显得太大、水显得太多。还好，小家伙适应能力特别强，第二次洗澡就已经很熟悉那个水多盆大的环境，并开始在里面进行踢腿运动。

没想到只是两个多月的光景，这个浴盆的大小尺寸又不够用了，妹妹说要不然再为她买个超大号的浴盆吧。可是，至今，我还没有在超市找到更大的型号。

浴盆还是那个浴盆，不过，宝宝已经不止于在那个浴盆里缩手缩脚地运动。而且从上个月开始，她已经不再满足于在大人怀里和床上大睡，白天的睡眠时间越来越少，少到每隔三四个小时才小眯一刻钟，并且她开始了每天不停地上下跳动的长征，在大人若有若无般的搀扶之下，她不停地蹦起来蹲下去、蹲下去又蹦起来，边跳动边欢呼着，一天到晚，她自己玩得热热闹闹，我和妹妹玩笑地说她这是得了婴儿多动症。

北京的桑拿夏日来临了，宝宝蹦跳的次数、时间越来越多，只要一睁开眼睛就蹦，似乎有着使不完的力气。妹妹每天陪着她一起，累得汗流浃背。

冬练三九，夏练三伏。

2008年6月26日

贴心贴士

每个宝宝都喜欢洗澡、喜欢游泳。

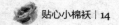

只穿纸尿裤也是最美丽的

最喜欢欣赏宝宝夏天里只穿着纸尿裤的样子，裸着全身上下比丝缎还细还软还嫩还滑的肌肤，棉柔柔的短裤刚好包住那嫩嫩的小屁屁，鼓鼓囊囊的小肚肚暴露着，节节的藕臂和小腿来回不断地挥动着……好玩极了。

还有什么衣服能让宝宝穿上更显动人更觉可爱呢？也许，尿不湿才是婴儿最好看、最美丽、最舒适的时装。

君不见，连中央电视台宣传2008北京奥运会"同一个世界，同一个梦想"的电视广告中的主要镜头都是聚焦了几位只穿纸尿裤的婴儿。一个个小小的身体在律动的音乐中醒来，颤颤巍巍地站立起来，蹒蹒跚跚地向前走来……相信每位看到这则广告的人都会为这样的立意而心动。

2008北京奥运会的吉祥物是福娃，2008年出生的宝宝是奥运宝宝。

我们的宝宝当然也是奥运宝宝，还没有出生便受到太多人的关注。出生后，关注的人就更多啦。当然，收到的礼物也多种多样，从婴儿装、玩具、奶粉、婴儿洗浴用品到婴儿纸尿裤，其中，我最喜欢的便是那些或浅粉或淡蓝或纯白的纸尿裤。

只要给她的小屁股包上片纸尿裤，我就可以放心啦，无论把她放在沙发上、小车里、床上，还是前来看望她的客人的怀里，都不会担心她时时可能出大事儿的屁股。四个月之后，除了母乳，还给宝宝加了辅食，开始食人间烟火的宝宝的屎屎开始变得有规律，小便三两个小时一次，大便基本每天一次，而且还定时定点，前后误差不会超过二十分钟。四个月前可不是这样，因为那个时段她的食物以母乳为主，不仅小便很多很不规律，而且大便也总是稀稀的，有时带着星星点点的沫沫，我们甚至都怀疑这小东西是不是在闹肚子，事实上不是。医生说，那只是母乳使然，只喝母乳的宝宝的大便通常是这样。那个阶段，我家宝宝大便时可以说是威力四射，每次托着她把尿把屎，没有半个小时四十分钟是没办法搞定的。在这期间，她只要打个喷嚏，稀稀的屎便就会随着那个巨大的喷嚏喷射而出，方向不定，角度不定，射程不一。她的每次拉屎，对我们全家来说都是件大事，每个人都得帮忙，有人专门托着把着，有人帮着撕纸，有人帮着擦屁股，有人帮着擦试她喷洒到各处的那些带着浓浓气味的"好彩头"。

两个月前给她用很少的纸尿裤，主要是为了减少红屁股。提着纸

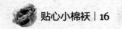

尿裤来看望她的阿姨说："还是送你们纸尿裤更实用，因为有位朋友说给孩子用纸尿裤用得快用不起了。"我知道这句话并非危言耸听，我家宝宝出院回家第一天当晚就用掉六七片纸尿裤，她爸爸三天两头地去超市大包小裹地往回提东西，其中大部分是给她购来的各种品牌和各种功能的纸尿裤。后来，我坐完月子逛商店后才知道那些花花绿绿的纸尿裤的价码，动辄一两百元，而新生儿三两天用完一包纸尿裤也是很平常的事。

没有宝宝之前，我只知道有纸尿裤这个东西，根本不知纸尿裤的具体用法，甚至宝宝都满月了，我还不敢亲手为她换一片纸尿裤，觉得为那样一个五六斤重的小东西换那么复杂的东西是件高难度的事情。所以，宝宝出生后的前两个月换纸尿裤的活儿基本被她爸爸和小姨承包了。后来，随着宝宝一天天长大，身子骨儿日渐硬朗，我才开始弄明白纸尿裤的具体用法并试着为宝宝亲手更换。

是谁发明了尿不湿纸尿裤？让我们的宝宝如此之酷。

2008年6月28日

贴心贴士

　　给宝宝用纸尿裤，一定要注意红屁股。

有些乖巧，有些淘气

不淘气的孩子会少些可爱，不折腾人的宝宝会少一些被关爱，实际上，没有哪个婴儿是不折腾人的，没有哪个婴儿是不淘气的，我们家的宝宝也是如此，闹，闹到天翻地覆举世皆知。

宝宝初生第一个月主要是睡眠状态，喝了奶倒头便睡，只要醒来不是想吃奶就是拉屎撒尿，给她换块尿布或纸尿裤就可以万事大吉。

满月之后的宝宝就不是这样了，第二个月和第三个月的那段时间的白天基本是我自己带孩子，本以为她睡觉的时候我可以写写东西做做家务打打电话什么的，可是，事与愿违，你就像被一根绳子死死地系在了她身上似的，只要你一走开或是离开她的视线，她马上大喊大叫，叫一声你不来，叫两声你不来，她的声音就愈来愈高，直到震得地动山摇。那段时间，即使是上洗手间洗脸刷牙或去厨房热热饭菜的工夫，她也会在卧室的床上一而再再而三地叫喊，直到你来到她的面前满脸堆笑地哄她。只要见到大人的笑容，听到大人的嬉逗，小家伙就像突然关掉了电门，立马不吱声了⋯⋯这是她淘气之时的乖巧之处。

那个阶段，她喊叫的声音就是条无形的锁链，把我套得牢牢的，陪着，看着，逗着，哄着，抱着，揽着，摇着，晃着，口中还要不停地念念有词，或唱着儿歌，或讲着故事，或自言自语般地尝试着与她沟通。宝宝虽然是个婴儿，虽然不能开口讲话，不能与你对话，但她似乎也能听懂你的话，也能明白你的表情和眼神，也能对你察颜观色并对你的所作所为明查秋毫，这也是她的乖巧伶利之处。

所以，照顾婴儿，是件非同小可的大事情。

宝宝三四个月大的时候刚刚在手上膝上学着跳上跳下，那时她的动作还不太熟练，也没有找到技巧，大概只是本着本能和积蓄了几个月的蛮力气上下跃动。她每跳动几个回合都会回过头来咧着那没牙的嘴巴看着你等着你的夸奖和鼓励，只要你稍稍夸夸她，她便回转头去跳得更加起劲，边跳边自己为自己喊着号子。后来，慢慢地，跳多了跳久了，她便掌握了上下跳动的规律，张开胳膊，臀部向后下方稍坐，然后猛然起身，这样跳得又高，动作又麻利又好看。

宝宝长到四五个月，变得更加乖巧且善解人意了。如果她一觉醒来发现没有人陪在身边，也会边揉着惺忪的睡眼边哭喊一两声，眼睛还溢着委曲的泪花儿，如果此时你马上跑到她面前与她打招呼"宝宝醒啦"，她的脸便马上阴转晴般在泪光中笑逐颜开了，嘴巴咧得ear to ear。

如此乖巧的宝宝是可人的，是招人怜爱的，看着她，所有的身外之物都变得不再重要，只有她才是你生命的延续，才是你血脉和思想的传承，才是生命中最为核心的内容。

2008年7月1日

贴心贴士

宝宝缠着你，是你的福气。妈妈们千万别偷懒。

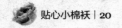

BABY IN CAR

只有自己做了母亲，才真正知道母爱是什么。最近几日，只要是关于孩子的话题和景象，总是让我情不自禁地多愁善感起来。

在北京知春路开完2008全国风险投资行业工作会议，又号召新老朋友们共进晚餐，就在与朋友们有说有笑地驱车行进之时，突然发现前边有辆黄绿色的小汽车，车尾上用稚气十足的字体赫然喷绘写着：BABY IN CAR。

注意啊，车中有宝宝！

我的眼睛猛然一热，有些潮润，有些激动，心底深处漾起一轮轮的涟漪。

让我们慢慢驾驶，千万别碰上这辆小可爱，因为那里面有一个也许还在吃奶的婴儿，也许有一个咿呀学语的孩童，我们一定要率先保证这辆车的安全。

　　谁还会与这辆小汽车抢路霸道呢？即使再野蛮的司机，即使再没有耐心和修养的驾驶员，即使再迫在眉睫的行程，也会在这辆车面前缓下脚步。

　　母子情，就如爱情那样，是永远不会老去，永远充满激情和震撼的话题。

　　前不久打车回家途中，与出租车司机聊天，那位健谈的的哥不知怎么就给我讲起了汶川地震之时那位把孩子藏在自己拱起的身体下面的母亲。母亲在地震来临之时，用自己的身体为只有三个月大的孩子支起一个穹隆状空间，并且喂着奶。房屋坍塌，砸在那位母亲的身上，不能承受之重之痛的母亲在生命垂危之时用手机写了一条未发出的短信"孩子，如果你能活下来，你要记住，妈妈永远爱你……"当救援的官兵赶到时，发现了那具外型呈弯曲状的尸体，尸体下面是还在吸着母乳的孩子……我再一次为这个故事感动得热泪盈眶。

　　如果上天只让一个人活下来，母亲会毫无疑问地把这个机会让给孩子，母亲会拼却最后一丝力量让孩子活下去。

　　这是"母亲"这两个字眼最底层最实质的意义。当一个女孩成为一个女人，她把自己奉献给了丈夫；当一个女人成为一位母亲，她便把自己奉献给了孩子。

　　想把最好的东西给孩子，最好的机会给孩子，最安全、最舒适、最惬意的生活给孩子……

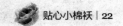

孩子，只要你要，只要我有，全部都给你。

2008年7月11日

贴心贴士

放慢你的车速，如果你的前面有辆"Baby in Car"。

天生一个大肚婆

农历腊月初八，据说是黄道吉日，正中午时分，当我被推进手术室一个小时后，宝宝就被从肚子里抱了出来。正在于麻木、酸楚和疼痛交加之际的我，听到细弱的婴儿哭声响起，主刀大夫大声地对我说是个女儿，挺白净挺漂亮的，像爸爸。

眼泪停顿堆积在眼眶中，面前穿手术衣的大夫护士们的身影模模糊糊地晃动着，几分钟之后，伤口缝合完毕，我被推出了手术室，站在手术室门前等候已久的孩子爸爸笑容可掬地说："老婆辛苦了。我们生了个千金挺好看的。"我被推到病房时，孩子已经睡在婴儿床上了。"母女平安就好！"在病房中等候的孩子奶奶说，"提前二十天剖腹产的宝宝刚刚5.6斤，不过，这样的体重还算正常……"说话之间，小床上的宝宝开始细声细气地哭喊起来，正当大家手足无措的时候，一位白衣天使走进来告诉我们在母乳下来之前可以给婴儿先喂点水。孩子的爸爸和奶奶赶紧用新买的奶瓶装了20毫升开水，摇凉之后把奶嘴凑到小不点的嘴上，小家伙一鼓作气地喝了下去，惊得奶奶不得了，啧啧地感叹着：哇，大肚婆，天生一个大肚婆啊。

之后，宝宝的好胃口和食量无比正确地证明了奶奶定义的正确性。还没满月，有次她竟然将她爸爸为她冲的将近90毫升的奶粉全部喝了下去。

初乳无价，我的主管大夫和护士在最初的那两天总是不停地帮助我引导宝宝吸食母乳，宝宝出生第二天就开始产生奶水，起初是黄灿灿的，大夫说这是初乳，营养和免疫价值都很高，对宝宝的健康特别有益。我和宝宝出院之时，大夫特别交待，能喂母乳尽量让宝宝喝母乳，喝母乳的宝宝轻易不会生病，比如，即使大人感染感冒，宝宝也不会受到传染，最多打两个喷嚏就可以抵抗过去了。

后来的事实证明了医生是正确的，宝宝一直很健康，很胖，很大，很好动，很爱笑……有奶喝的宝宝真是太幸福了。幸运的是我的奶水一直特别好，宝宝每次喝完我的奶水，都显得志得意满，呼哧呼哧喘着气，小肚子一鼓一鼓的，不是马上变着相地撒欢儿，就是立刻倒头睡去，吃得饱，睡得着，这宝宝。

两三个月时，宝宝的食物以母乳为主，基本不需额外添加其他食物。

四个月之后，虽然仍然尽量让她喝母乳，我们还是依照医生的嘱咐帮助宝宝开始食她的"人间烟火"，各式各样的辅食丰富着宝宝的好胃口。只要有可能，她小姨什么东西都会让她尝尝，西瓜汁、苹果泥、蕃茄、稀粥、面片儿……后来，还不到五个月宝宝竟然开始了面条生涯，放一根七八厘米长的面条在她嘴唇边上，马上就被她麻利地吸进去，还叭嗒叭嗒嘴。

尝到了食物的美味，宝宝开始变得越来越馋，更加期待除了奶水之外的美食，甚至我们喝口水的工夫，她也会眼巴巴地盯着……

转眼之间，宝宝快半岁了，抱着她去婴童聚集的楼下公园里玩耍，与其他同月的孩子相比，她显得更大一些，更胖一些，更"老成"一些。而今，她的胃口依然很好，食量依然不小，每天从早到晚，张着她那张没有牙的嘴，流着哈喇子，期待着美味，渴望着美食。

哈哈，别笑话我们哟，我家的这个"大肚婆"。

2008年7月12日

贴心贴士

初乳无价。

遭遇理发师

发如韭，剪复生，宝宝的头发又一次被剃光了，再一次成了光头王，这是她有生以来第三次剃光头，这三次光头每次的间隔前后不过个把月。

第一次剃光头是在她百天之后，当时正好是四月下旬，天气转好、万物复苏、春暖花开、桃红柳绿，宝宝的头发也凑热闹像雨后春笋般开始显得茁壮了，附近公园里的带着婴儿们的街坊邻居们说大部分孩子到百天时都会剃头，而且是剃光头，这样孩子长大之后头发就会长得更好一些。于是我和妹妹趁着她正在酣睡就悄悄地把她抱到了理发店，一觉醒来，除了头顶额头部位特意留着的那一小撮儿"九十毛儿"，宝宝的头发没了。为此，妹妹还特意为她写了篇博文。

第二次剃光头是在今年六月初她第一次回石家庄看望她外公的时

候，因我每次都会到同一家理发店做头，一来二去就与那家店的老板和店员很熟，这次又一如既往地跑过去做头发，大家吃惊地问我怎么这么久没做头。我说一直忙着生孩子，现在宝宝已经四五个月了。大家一听都很高兴，说："把小家伙儿抱过来我们免费给她剃头。"于是，宝宝的头发第二次光掉了。

又是一个多月，天气越来越热，小家伙的头发长得跟她的个头儿一样快速，转眼又该为宝宝剃头发了，妹妹提醒了我数遍之后我还是没有什么反应。其实，我是希望宝宝的头发能够留起来，好显得稍微秀气一些，因为宝宝长得比其他同龄的小孩子都要高，都要胖，再加上那条蓝白相间的企鹅装，看不出一丝一点女孩子的样子，完完全全是一个男孩子，而且显得更加"成熟"和"老到"。如果她的头发能长一点，就会显得淑女一些。这样，拖过初一却拖不过十五，暑气越来越重，加上宝宝本来就特别爱出汗，那些初长成的头发就更加成为她的负担，于是，迫不得已，再次由妹妹抱着她到楼下的理发厅剃头。说是给婴儿理发，抱着的大人和宝宝都得穿上理发用的专门服装。这次没有赶在她睡着的空当，为了保证安全和效果，理发师轻轻按住宝宝的头，一推子下去，两推子下去，头发就少去了一半。可是，宝宝紧接着就不干了，开始抗议，我一手拉住她的小手，另一只手安抚着她的小脸儿以保证她不会乱动，但是宝宝越来越不肯就范了，哭喊起来的声音越来越大，眼睛和鼻子都红了，泪水也随即流了下来，与粘在脸庞上的头发茬子混在一起。我的心也随着宝宝的眼泪

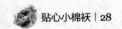

一阵阵紧缩，手足无措。在日常生活里，宝宝其实很爱笑的，是个很少哭泣，很少流眼泪，很好养活的小乖乖，因为剃头发而如此这般地哭天喊地是第一次，也让我的心揪得紧紧的，似乎那个理发师的每次推理都刮在我的心上。

终于结束了，解开理发的袍子，把宝宝抱在怀里哄着，小家伙又无声地抽泣了一会儿，然后没事人似的笑了。抱着孩子上楼回家，为她洗了三遍澡才清理干净沾在她身上的头发茬。看着刚刚出水的宝宝，头发没了，光光的，衬着洁白的皮肤，显得愈加可人。

所以，为清醒着的宝宝理发是件极其高难度又极其痛苦的事情，不敢认真回想宝宝的第一次理发，当时我还在坐月子期间，奶奶抱着褓褓中的婴儿去理发店剃满月头，也不知当时是何等的状态，有没有像这次这般哭天抢地呢？

2008年7月17日

贴心贴士

据说，在孩子满月那天剃光头，长大后头发会乌黑油亮。

最小的奥林匹克运动会观众

一家三口热火朝天地赶到奥运赛场时，比赛已经开始了。手上两张是皮滑艇激流回旋的比赛门票，时间是北京奥运会开幕第五天，地点在顺义奥林匹克水上公园。

观众需知与观赛礼仪上注明可以带两周岁以下的儿童进入奥林匹克运动会赛场，可以分享拥有门票的大人的那个位置而无需另购门票，我家六个多月的宝宝刚好在这个区间，我和妹妹便欣然决定带着她一同前往。但是，北京的天气还是烈日骄阳的桑拿天气，而且，到网上查个仔细后才发现，比赛场馆距我们所居住的地区将近77千米，交通工具方面，要先乘地铁到望京，之后换乘奥运专线，之后沿着京承高速一路飞驶。三十多度的高温，灼人的阳光，辗转的行车路线，让我们犹豫再犹豫，到底该不该带着宝宝同行。

　　冬练三九，夏练三伏，这句话对宝宝也是有用的，我们最终决定带上她。

　　令我们感到欣慰的是，无论是地铁还是奥运专线，只要我们抱着宝宝上车，肯定会有绅士淑女主动站起来把座位让给我们，这让我们非常感动。

　　在奥运专线上，坐在临座的一位年龄稍长的阿姨惊讶地问："你们不会是带着宝宝看奥运会去吧？"我们说："不好意思，正是。"对方马上满脸的狐疑："她也太小了嘛。"

　　没关系，我们愿她成为奥林匹克运动会观赛历史上最小的观众。

　　我们推着的供宝宝随时可以入睡的童车，按规定是不能带到比赛场地的，只能放在场馆外特殊的童车寄存处。

　　门票规定所在的区域正好是法国代表团拉拉队、亲友团亦或助威团人群密集的地带，刚刚尘埃落定般地坐下，四处打量，才发现原来已坐进"法国军团"的包围圈里了。宝宝却不以为然，可能只是有些好奇并且激动，她前后左右上上下下地张望着、打量着，高兴地手舞足蹈、大呼小叫、蹦上跳下，坐在四周的法国朋友纷纷向她递送真诚的笑容，向她打着各种各样的手势，虽然言语不通，但是笑脸和眼神是相通的，宝宝时不时冲某位外国友人乐一乐，时不时冲着人家做个怪动作，一会儿工夫，她就成了法国区域的中心人物，虽然她是这样一个小不点儿。于是，我趁机多抓拍些镜头，等她长大了，一定给她展示今天她在奥运会上热情的、积极的、可爱的表现。

　　在同一个场馆，我们没有发现有与她年龄月份相仿相近的婴儿，也许，她就是当场奥林匹克赛事中最小的观众了。

　　值得纪念。

　　人生短暂，奥林匹克之于我们，也许今生只有一次机会，而对于我们的孩子，说不定也同样只有一次。所以，无论时间安排有多紧张，无论交通有多么不便捷，无论那个过程有多么复杂，我都会尽可能地让孩子分享并体验我的经历，哪怕她现在还不懂、不会说，但是，我仍然相信，如此这般的一幕一幕，她都会看在眼里，记在心上，并成为她人生的一部分。

　　寄望我的孩子从婴儿时代起，便让她具有经历丰富并且异彩纷呈的人生。

　　人生也有涯，而知也无涯。

2008年8月13日

贴心贴士

　　如果有可能，多带着宝宝参加社会活动。

学步鞋，虎头靴

北方的娃娃在学步之初前几个月，大都是穿虎头鞋的，选用极其鲜艳明丽的颜色，大红、大绿、明黄，纯棉布，纯手工，细细地剪裁，密密地缝制，用金黄色的布剪成老虎的鼻子，用五彩的丝线撵成老虎的胡须，用小小的黑纽扣做老虎的眼睛，用白色和黑色的小块布剪成的小圆片做成眼白眼睑，两种圆片叠加起来后再扣上小黑纽扣，老虎的眼睛就做成了，老虎的眉毛是用棕色或黑色或黄色的线一针针缝上的，这样威武的眉宇之间，通常用黄色的丝线再绣一个大大的"王"字。

点睛之笔，这才是虎头鞋的标志，LOGO! 因为虎为百兽之王，这种突显王者之气的绣法大抵都体现了做鞋的母亲和长辈们对孩子的寄望与厚爱。因为这种鞋的前脸儿呈老虎头形状，所以称之为"虎头鞋"，是因为这种鞋的穿法通常配着婴儿的连脚裤，为了防止鞋滑掉下来，大都会在脚脖处系上带子，所以，虎头鞋又可以叫做"虎头靴"。

穿着虎头靴的孩子，显得虎头虎脑，神采奕奕。

父母讲过，当年我婴儿时期的冬天就是穿着虎头鞋日复一日茁壮成长的，所以对虎头鞋，我一直有着不能割舍的情结。

所以，我的女儿出生以后，特别渴望她也能像我们当年一样穿上虎头鞋。但是，苦于我不会做女红而且现代的都市里也几乎没有哪个女子会做女红，只好到各个婴儿用品专卖店寻觅。上天入地求之遍，几处茫茫皆不见，半年过去了，眼看着女儿在膝盖上跳上跳下活跃得都快学步了，还没有找到，还没有机会让她穿上我朝思暮想的虎头鞋。越是找不到越是抓狂，让宝贝女儿穿上虎头鞋的愿望一直像块心病似的在脑海中萦绕。

前几日去婴儿专卖店为宝宝添置新衣新鞋，忽然发现有个专柜上摆放着方口状的虎头鞋，大红棉布，黑眼睛，黄色的"王"字，细细密密纳制的鞋底……看看外包装，赫然写着"宝宝学步鞋"。我如获至宝，拿在手里把玩半天，浑然忘我，虽然这双鞋不是传说中冬天配连脚棉裤穿的虎头鞋，但也是虎头状了，我像完成任务似地松了口气，服务生估计在旁边已经等了半天，说，这双鞋就只有这最后一双了。我赶紧揽在怀里，然后又挑了双大红缎面的学步鞋，志得意满地悉数买下。

妹妹看着我踏破铁鞋后的样子说："这两双鞋的做工与宝宝姥姥当年手工的精细程度和款式设计还差得很远呢，这鞋根本算不上什么。"是啊，如果宝宝的姥姥在世，一定会有无数穿也穿不完的虎头鞋，除此以外，肯定还会有各式各样的手工缝制的纯棉的软软的花衣服，因为妹妹的两个小孩子都是穿着姥姥亲手做的婴儿服装和靴帽长大的。但是现在，让宝宝穿上她姥姥的手工活计已经成为永远的不可能，也成为我今生今世永远的不可实现的梦。每次与妹妹提到类似的话题，时不时地，我都会流露出掩饰不住的遗憾和伤感。于是，妹妹又有了这样的说词，小孩子要穿百家衣，最好穿别的小孩子穿过的衣服，于是从她家中翻箱倒柜地找出多年以前母亲为她的两个儿子做的已经很旧的小衣服。但是，因为宝宝是女孩，而且长得较胖，试过好几件之后都不合适，只好做罢，这些小衣小衫又被压在我家的箱底，至今，在我家宝宝的衣服橱柜中，还留着母亲当年的手工。

这些天，宝宝更加关注她的小脚啦，穿着我们买来的大红色的虎头鞋，开心极了。

抱着女儿，我时不时出神地想，如果母亲在世，肯定会把我们的宝宝亲手打扮得像花儿似的。

对于虎头鞋的想往和情有独钟，不仅仅在于鞋子本身，还在于它所承载的代代相传的血脉亲情。

2008年8月25日

贴心贴士

除了妈妈做的饭菜让人怀念，妈妈做的衣服也是让人无法忘怀。

吃百家饭，穿百家衣

　　宝宝的花衣服越来越多，多得大大小小的衣橱衣柜都要装不下，天天照顾她的妹妹总是一遍遍地提醒我太浪费了，因为很多衣服还没来得及上身穿就已经变小穿不得了，宝宝雨后春笋般茁壮成长，所以短时间内再也不能为她购买衣物了。

　　可是，宝宝的衣服还是源源不断地增加着，赠送的速度、购买的频度、增加的程度，一点儿都没有减少。

　　自从我的一位从美国回来的同学把她家一岁半女儿的花花绿绿的衣服悉数送到我们家之后，宝宝的衣服越发成堆成堆地无处可放，这些漂亮的小衣服虽然是在美国购买的，但都分别由不同国家制造。有的出自美国本土，有的来自泰国，有的来自马来西亚，有的来自菲律宾，还有的是MADE IN CHINA。同学说，她们家的小衣服也同样多得不可胜数，如果我们住在一个国家住在一个城市，她就会把更多的美丽衣服送给我们的宝宝。等她带着孩子们回美国之后，还会把她女儿的衣服分批地寄过来。我和宝宝的小姨高兴得什么似的，从此我们的宝宝就不用再大张旗鼓地买衣服啦。话虽然这样说，可对于动不动就疯狂购物的我，没有什么东西能彻底阻止我到购物中心刷卡的欲望。

中秋节回老家，在给弟弟妹妹的几个孩子购买礼物的同时，又顺手牵羊地为宝宝采购两件。而且又提前从老人那里收获了两套冬天才穿得着的连脚棉衣棉裤和虎头鞋，导致我们回京的行李箱都装不下。这几件手工棉裤全部是由她姥姥亲手一针一线完成的，老人家眼神不好，腿脚也已经不太灵便，而且，她还是宝宝的后继姥姥，自从宝宝出生我就一直伤感地回忆我亲生母亲在世的时光，"扯大锯，拉大锯，姥姥门前唱大戏……"这是母亲在我儿时陪着我成长玩耍之时不断挂在嘴边的童谣，这些童谣让我永生难以忘记，母亲在世时总是催促着希望我能早日结婚生子，以便让她亲手帮我把孩子带大，可是最终这个愿望永远地成为奢望，也成为我此生抹也抹不去的遗憾。得益于上天眷顾垂怜，宝宝后继的姥姥虽不能代替我的生身母亲，但也天性善良温厚，可以想象年近六旬的老人如何一针一线地为我的宝宝缝制棉衣，慈母手中线，其中有爱意的凝聚，继母也应当是母亲。

不仅如此，宝宝的舅姥姥目前还在为她飞针走线地亲手缝制冬天的棉衣棉裤，说是小孩子冬天穿手工纯棉的衣服才会更加暖和。

宝宝过冬的新衣，日渐增多。

这些衣服中还有一小部分是我每次逛街时情不自禁添置的，但大部分是亲朋好友同学同事赠送，这些赠品中有的全新，有的只穿过一两遍，但也跟新品差不了太多，其实骨子里，我们是希望宝宝穿旧衣服的，那些上过身的小衣服，被另外的宝宝穿过一两次被水洗过一两遍之后变得更加服帖、柔软，没有新衣服支支棱棱硬硬生生的感觉，而且，这些衣物在购置之时肯定也是经过认真遴选小心比较之后才买回的，就如同我一样，买的时候拼命往回拿，甚至有的还没来得及穿，衣服就小了。

不见小孩长，只见衣服短。

这句民谚讲的就是小孩子日新月异的成长速度。士别三日，当刮目相看，这句话也适合小孩子。

吃百家饭，穿百家衣，据说，这样的孩子会特别好养，长命百岁。

2008年9月5日

贴心贴士

对宝宝来说，别人穿过的衣服柔软舒适，可以更适合他们。

断奶计划

宝宝九个月余，也许，是该断奶了，从理性的角度上我非常希望马上断掉她喝母乳的念想，但是从感性的角度真的很难做到。尤其每当我一腔热血，风尘仆仆地回到家里，见到喜出望外，活蹦乱跳的小不点儿，每当我看到借助学步车在几个房间跑来跑去天真无邪的宝宝，断奶的念头马上就又抛到了九霄云外。每当她对着我率真地哈哈大笑，每当她对我做着各种各样的鬼脸和怪动作，每当她对着我呀呀唔唔，每每这样的时刻，我总是情不自禁地亲近她、抱起她、逗着她，教她学基本的汉语发音或哼一两句简短的儿童歌谣，然后宝宝会下意识地往我的怀里钻，吵着闹着，最终的目的是她要吃奶。

但是，随着时间的推移，我的奶水自然而然地越来越少了，尤其当她在姥爷家住了一阵子，再加上我又去浙江和深圳出差了几天之后，奶水几乎快消失殆尽了。近两周不见，宝宝的眼神里已有似曾相识的亲切兼陌生，抱起宝宝，让她喝没奶的奶，虽然没有奶水，但宝宝还是吸得不亦乐乎。

让久违的宝宝喝母乳，虽然是下意识的行为，这也许是对孩子最好的爱意的表达。宝宝初回的那两天晚上睡觉显得比原来踏实了很多，因为妹妹总是在她入睡前给她冲至少120ml的奶粉，然后让宝宝一鼓作气喝下去，宝宝都是酒足饭饱之后立马倒头睡去。如此，我也不再有之前被她频频吵着喝奶的麻烦。之前每个晚上至少要喂她两到三次，每次至少花费半个多小时，这样导致我的睡眠严重不足，生物钟严重紊乱。

"断奶吧！"小妹说，"断了奶，你和宝宝晚上都能睡个好觉。"

可是，我总是有些不忍，思前想后，人的一生中，能够真正喝母亲乳汁的时间只有那么一年半载，如果人为地断掉，是否对宝宝有些残忍，至少，我会觉得很不安。

……

两天过去后，靠着妹妹每餐变着花样的美食和营养安排，远去的奶水又被徐徐召回，宝宝又开始重复每天晚上几次三番地缠着我不断哭着喊着要喝奶的生涯。九个多月的宝宝已经开始练习发声学大人说话，她晚上睡梦中想喝奶的时候，总是闭着眼睛下意识地扯着我的上衣，嘴巴里面还大叫着："妈妈妈妈妈……"

奶水召回，宝宝的幸福生活又重新开始了。

　　妹妹说我这是给自己找不自在，本来都快断奶了，又让她喝上了。是啊，每天三更五更宝宝吵吵闹闹大呼小叫的生活又开始了，这让我们每个人都觉得有点儿烦。无论如何，妹妹又开始变着花样地为我炖汤熬粥催奶，我刚刚下降到怀孕之前的猫食饭量又回归到做月子之时的海量，三碗粥下肚还像没有吃饭一样。

　　同学说如果宝宝九个多月不断奶就会影响体形了，该断就断吧。

　　喝母乳的宝宝身体棒得跟头小牛似的，活蹦乱跳，这都是母乳喂养的好处的体现，谁能保证断奶之后宝宝的身体是否还能维持这样的状态呢？

　　断奶计划，目前，只是计划。

2008年10月29日

贴心贴士

　　尽量拉长哺乳时期。

喋喋不休的国学课

宝宝还不到百天，我们就开始为她念起了《唐诗三百首》《三字经》《百家姓》《千字文》，那些三言、五言、七言的格律体被我们尤其是妹妹念得如绕口令般娴熟顺畅，甚至成为她睡觉之前的催眠曲。

国学课，就这样从她三个月的时候正式开始了。

那些《大学》《中庸》《论语》《孟子》《战国策》《孙子兵法》、唐诗、宋词、元曲、很多我还从来没有认真朗读过背诵过，虽然家里的书架上一直以来摆着多达二十多本的国学传统典籍，但也一直扮演着装饰装潢的角色，我们一本本地拿下来，一篇篇的翻阅目录、章节、梗概，最后决定先从断句简短的篇章开始，于是《三字经》《弟子规》《千字文》就成为首选。虽然这些篇幅短小便于记忆，但是我们年少时代的课堂上也是没有这些内容的，所以，我和妹妹也不得不像个小学生学习新课文般地先预习背课，然后再逐字逐句地念给她听。

每次这样给她上课的时候，我们都会捧着那些深蓝色底、线装风格的典籍，长此以往，这些书，在宝宝的记忆里，成了玩具的一部分，每当她玩得腻烦了，不配合大人的工作了，开始大声哭喊闹来闹去的时候，扔给她一本这样的蓝色线装国学书，她马上就能安静下来，然后伸着小手去抓去拿，好不容易抓到手里，就放在嘴里啃。

啃书本，咬文嚼字。

家里的国学书籍几乎都被她或多或少地啃过了。在她三四个月大的时候，这些书的体积对于她显得有些过于笨重，不方便抓挠，但没有关系，这一点也不妨碍她对这些书本的兴趣。

到宝宝四个半月，在我休完产假回归工作岗位之后，这些国学课本就成为小妹与宝宝在家玩乐的必需品，也是她们两个有效的最好的打发时间的娱乐工具。虽然如此，每当我忙完手头工作，都会推掉礼尚往来的像赶场般的应酬急不可待回到家里。与国学课本在一起，与宝宝在一起。

与宝宝同学国学课，是一种自我提高的休养过程，虽然是我们在教她，但也是一个互助学习的过程，她期待的眼神，静静聆听的状态，她的肉嘟嘟的小脸小胳膊小腿，她的可爱的小样儿，都让我感到无比的宁静和幸福。边看着她边看着书，边和她说话边念着课本，在和书的交流中，在和宝宝的对话中，忘记了一切得失荣辱和外界的烦心事，我觉得自己的心灵得到了升华和净化。所以，某种程度上，还得感谢宝宝，她也是我的启蒙老师。

　　不仅我，连妹妹在教育宝宝的过程中，文化程度也很快地得到了提升，小妹因为年少时贪玩没能上大学，少小没努力老大徒伤悲的她很羡慕我从一个学校读到另一个学校，从一个城市到另一个城市，她的文化课水平不高，所以她很早就开始与父母一起赚钱供我求学了。作为姐姐，我一直于心不忍，一直想为她补补课，甚至打算着哪天赚够了钱就供她重返校园去补补课。几年以来我一直电话邀她来北京与我一起打拼，可是，作为两个孩子的母亲，妹妹总是不能放下自己的家庭来到我的身边。可是，自从我生了宝宝，一个电话就让小妹放下了所有来到了北京，来到了我们身边。小妹在教育宝宝的过程中，在为宝宝朗读国学名篇的过程中，竟然背诵下来了其中很多经典名篇，有些我背不过背不全的长篇，她都能流利地背下来，当她不用看课本对着宝宝背诵《长恨歌》和《春江花月夜》的时候，我有些惊诧，有些自愧不如，但更多的是欣慰。

　　当我们举家走进国学的书香里，当我们全家沉浸在中国数千年的典籍里，当我们日复一日地被关雎雅颂熏染着的时候，我们的生命得到了滋养，我们的灵魂得到了净化，我们的生活得以丰富，因为，我们熟知了数千年的礼仪，领略了数千年的国萃，阅读了数千年的文化精髓。

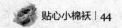

人之初，性本善，苟不教，性乃迁……

吾生也有涯而知也无涯，我们的国学课，还要继续下去。

2008年11月21日

贴心贴士

　　即使宝宝们还没有学会识文写字，也要相信他们一定能听得懂大人为他们所念的课本及里面的故事。

模仿秀

　　宝宝越来越好玩了，大概是从九个月或十个月的时候，这么个小不点儿开始模仿起大人的言行举止了，模仿语言像吐字不清的鹦鹉学舌，模仿行动有时像个不倒翁，有时像个木偶。

　　这个转折点是在秋天，也恰好是妹妹带着她从老家回北京之后。妹妹说这些日子宝宝又长新本事了，说着嘴里便哼上了："两只老虎，两只老虎，跑得快，跑得快，一只没有耳朵，一只没有眼睛，好奇怪，好奇怪……"小家伙便在她的怀里随着节奏摇头晃脑起来，而且动作幅度大到将近180度，"小点劲儿，小点劲儿！"我们边哈哈大笑边半阻止着她，担心她高兴之极摔下来。"谁教的啊？""她姨父，她现在一听到音乐就随着节奏摇头，像在蹦的似的。"看着宝宝那两个被初冬的寒风吹得像红苹果似的脸蛋，可以想象她姨父肯定经常带着她听歌，带着她去串门，这小家伙的社交面肯定一下子宽广了很多。

妹妹忙家务的时候，她也经常过去帮忙，只不过是在旁边帮倒忙，妹妹觉得她捣蛋就对她说："去，去。"她也跟着模仿："切，切。"模仿得虽然不像倒有些近似。她经常把她抓到的所有东西都往嘴巴里送，妹妹总是摆着手对她说："不能吃，啵……"她也跟着学摆着手说："P……"

宝宝对于学习语言的模仿始于单音节，但很快她就开始学习发两个比较接近的双音节了，比如"唉也"，但是明显还很不熟练，"比如她学着大人说"大树"发出的声音却是"爸爸"；冬天开始给她穿厚棉裤时教她说"棉裤"，结果她发出的声音还是"爸爸"，所有她发不对的声音全部是"爸爸"，不过对于这样一个刚刚咿呀学语的婴孩。也已经是难能可贵了。在短短的几个月里，她学会了用单手打哇哇、用双手洽洽、搓脚、指鼻子、指耳朵、飞吻、BYE BYE等动作，而且她还记住了人物的称谓和定义，如果问她："妈妈呢？"她马上看大门口处，意思是说妈妈经常从那里回来……宝宝虽然说不出话来，但心里头有数着呐。最近，我们教她说"中央电视台"，她只会说最后一个字"台"，如果再教她说"新闻联播"，她就一头雾水了，嘴里胡乱发个音应付了事。

宝宝很好学，很用功，也很认真，在跟着大人学习模仿的过程中，宝宝表现出了让我们瞠目结舌的好奇心和坚韧不拔，如果教给她的东西太复杂导致她模仿不成功，她就会急得大叫。在宝宝这样的求学过程中，表现得似乎很懂事很乖巧，每当她模仿得很像很好玩儿的时候，我们不是送她个大拇指，就是哈哈大笑，见我们那般开心，她就顺势不停地模仿下去，直到我们乐得直不起腰来。

宝宝学的东西越来越多，眼见着一个五斤多的新生婴儿一天一个样地茁壮成长起来，我们的心智也随着宝宝成长，宝宝是我们的镜子，从她的表情动作里我们可以看得到我们自己，初生的宝宝也是一张未写只字片语的洁白的纸张，让我们为她画上最美丽最卓越的梦想和蓝图。

2008年12月21日

贴心贴士

广告大多是鲜艳的，让宝宝多看看广告没关系，他们喜欢花花绿绿的东西。

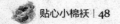

第一次生病

从北京到浙江，从浙江又回到北京，宝宝这次终于生病了，不吃不喝，奶、水、蔬果等送到她嘴边又都被推回来，这样长达三四天。这是她出生以来第一次生病，我和妹妹都急坏了。

春节带着宝宝回她的老家浙江过了漫长的新年，快到初十了才买了返京的机票，从杭州到北京，晚上七点十分的航班，她爸爸从东阳把我们经由义乌送到萧山机场，买过婴儿票我们抱着她到洗手间处的婴儿打理台为她换纸尿裤后给她冲奶开饭，我们此时发现小家伙吸食奶嘴时不断地用口腔嚼来嚼去。

她爸爸说这家伙连喝奶都开始变化新花样了，我虽然觉得稍稍奇怪，但也没太在意。

办完登机牌通过安检后不得不和爸爸说再见了，到登机口处等待，宝宝有些眼泪汪汪，但我并没有多想，暗地寻思着可能是因为要与刚刚玩熟的爸爸分居两地有些离别的伤感，这小家伙，还不会说话就开始懂得这些人情世故了。

由于航班延误，我不得不麻烦一位陌生的也带着一个稍稍大些孩子的旅伴给宝宝帮忙冲奶粉，这次喝奶她还是用舌头在嘴巴里来来回回转动奶嘴，小家伙在我怀里像只小猫似的很安静。如果是平时的状态，她应该大口大口喝完奶，高兴地大呼小叫、向左右的人们咿咿呀呀地热情打招呼才是，这次，我真的觉得有些诧异。

终于可以登机了，等大家都排队走进廊桥之后，我才抱起宝宝进去，空姐见我吃力地抱着孩子，都纷纷问我是否需要帮忙。因为不是第一次坐飞机，宝宝可能已经失去了新鲜感，但还是用眼睛在机舱里瞟来瞟去。用餐时间到了，我要了份咖喱牛肉面，然后一根根地喂她面条，小家伙在我的怀里乖乖的，吃到嘴里的时候也不再像往常那样手舞足蹈，喂她喝机上饮料，她也有一搭无一搭地喝着。飞机着陆之前，我请空姐为宝宝冲了奶粉，放到嘴里时她还是把那奶嘴左转右转，拒喝。

终于落地，飞机停到了T3航站楼，妹妹应当早早地到机场的国内到达处等待了，早就与她约好我一出来就先把宝宝送到她手里，然后我再回去取两件托运的行李，这已经是惯例了，行李比旅客晚很长时间才到达，尤其是在首都机场。人们拥挤着，这个飞机是"空中客车"的大型飞机，所有乘客都下去了，我提着电脑包还有装着奶粉奶瓶的手提包，怀里还抱着已经睡着了的宝宝往外走，空姐提醒说："所有的人都下去了，你们也快点吧。但是飞机没有停在航站楼前，还要乘机场摆渡车，外面很冷，零下七八度，带着宝宝一定要穿好衣服再出去啊！"我道谢后一手提着包一手抱着孩子蹒跚地走下舷梯，上了摆渡车，到了航站楼，走过长长的过道，又乘了长长的直行电梯，又弯来弯去地走了很久，才走到国内到达的出口处，左右张望了半天，没有看到小妹，我疲惫极了，无力地蹲了下来，突然觉得背上湿漉漉的仿佛身上的羊绒大衣都被汗浸透了。我拿出手机准备给小妹打电话时却看到一条短信："哪个航站楼啊？"电话打过去对方正在2号航站楼，我心中的怒火一下烧到了天上，大声吼道："我是怎么通知你的？难道不详细吗？还是你看不懂啊？2号航站楼距3号航站楼还远得不是一点半点的，还需要乘摆渡车，然后还要在候机楼的几层之间上上下下才能到我和宝宝所在的位置……"我抱着孩子回到行李转盘处先取两件随着转盘转来转去的行李，因为双手已经提着包并抱着孩子，只好请人帮忙推了手推车过来，又请他搬上去三件行李，千恩万谢之后，我单手抱孩子单手推车到等候处继续给小妹打电话，我当时生气极了。好久，我醒过神来，低头看着宝宝，她依偎在我的怀里，半梦半醒，眼睛里闪着隐隐的泪光，我的心情立马平和柔软了下来，轻拍着她，等候着。

　　好半天，小妹终于到了，接过宝宝时，小家伙像不认识了她似的躲着。途中，我有些自责，小妹放弃阖家团聚的正月回京来机场接我们应该感谢她才对，不该冲她大吼大叫。

回到家，宝宝还是蔫蔫的，给什么都不喜欢，喂什么都不吃，睡觉前哭了很久，之前，她从来没有这样过。

第二天，仍然不吃不喝，用体温计一量37.6℃，可能是感冒，在妹妹的强烈建议之下，我们给她喂了小儿感冒药和退烧药。

第三天，宝宝仍然拒绝饮食，没有大便甚至连小便都少了很多，嘴巴上还起了泡泡，原来的活灵活现消失殆尽，甚至连睁着眼睛都很吃力，我和小妹心急如焚，而我每天还得到办公室忙工作，中午回来，看见妹妹抱着昏沉沉的宝宝在院中晒太阳，妹妹眼圈通红不满地抱怨着："难道还不带她到医院吗？"我的心也一下酸痛起来，背着身去擦干眼泪。

第四天正好是周末，我们带她到了最近的海淀医院儿科急诊，大夫听完心脏查完口腔说宝宝可能是要出疹子了，之后就开了几服口服药物。可是，几天不吃不喝的宝宝已经完全拒绝所有喂食，吃药更加困难，我们就用专门的滴管一滴滴地把药物和水强行地给她灌下去，每滴入她口腔一次，她就大声地痛哭一次。我们认真地察看她口腔时发现她的嘴唇上起了一串泡，口腔里还长了很多溃疡。

我恍然大悟，原来是在回浙江过春节期间她的饮食太单调且蔬果不足所致，小姨为她制定的营养谱是奶粉、豆粉、米粉、水果、蔬菜、主食，还有各种各样的零食，小姨过节回家后，我们主要喂食奶粉的做法长达半个月之久，这让小家伙的营养显然失衡，所以才给宝宝造成这么大的痛苦。我们立马停了药物，赶紧到超市为宝宝买来西

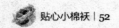

瓜等各式水果，又采购了榨汁机，用滴管继续给她喂食蔬果汁。她的嘴巴肯定还疼，但是小家伙对新鲜的水果又有了兴趣，我们可以看出她忍着疼痛强行下咽的样子。

几经折腾宝宝显然瘦了很多，婴儿肥不见了，鼓鼓的大腿细了，脖子也露出来了，整个人长脖细燕的，"看看，为宝宝减肥了吧？"小姨责怪着。

又过了几日，宝宝体力渐渐恢复，又开始在我们的膝盖上上蹦下跳，在地板下爬来爬去，甚至开始有力气学走路了。嗯，这才是我们的宝宝……

2009年2月26日

贴心贴士

生病是最好的减肥瘦身之道，但不适用于宝宝哦。

第二章　1—2岁

正在办公室忙碌，妹妹打来电话兴高采烈地说："姐姐你什么时候回来啊，宝宝突然学会走路了，竟然能一口气走八九步。"

我喜出望外，急急收拾电脑从公司往家中赶。

咪咪，喵喵，捉猫猫~~

　　大约在一岁零一两个月之际，宝宝学会了与大人玩捉迷藏。无论我们正在忙着事情还是正值闲暇，她都会猛地从什么地方爬过来，或者隔着茶几的玻璃，或者扒在门边上，歪着头，扮着鬼脸堆着笑容，用期待的眼神大呼小叫地"喵喵~~"

　　这小家伙，竟然主动逗着我们玩儿了！

　　也不知从何时起，这个小家伙开始与我们进行语言、表情和动作的交流，似乎一下子之间，她不再是个婴儿，不再是个小孩，而是已经大到可以与我们平起平坐地参与家政生活了，而且，她还时不时地提醒着我们"别忘了我，还有我呢"，或者用她叽哩咕噜的谁也听不懂的语言，或不满的叫喊声，或者肢体语言，或者用她心领神会的眼神来提示我们"我在这儿呢、我很重要"。当然，她在我们三个之中是最重要的，虽然，我们会假装看不见她到处抓挠到处调皮到处捣蛋，但是，我们眼睛的余光从来没有离开过她。

也不知是否所有的小孩子对猫都有着特殊的兴趣，自从她在圣诞节party上拿到一个红色的塑料猫咪玩具和一个高度仿真的秀珍猫，我们拿着那两个玩具对她"咪咪"了一两次之后，她就开始喜欢上了猫这种动物。

正好楼下花园里总有两三只真猫不断地转悠来转悠去，宝宝每次见到这几只猫都乐得手舞足蹈，每次都是"咪咪、咪咪"地喊个不停，可是那几只猫经常自顾自地到处游走丝毫不理会宝宝的喊叫，小家伙还没学会走就想跑着追那几只猫。

北京的冬天特别冷，风又特别大，很多时候是不能带宝宝下楼的，小家伙心里总惦着那几只猫，动不动就拉着她小姨的手，想让小姨带她下去找那几只小伙伴。

至少有两三个月的时间，我们家都是以"咪咪"之声来哄宝宝的，宝宝每次都对"咪咪"这个声音买账，尤其是当她烦躁不安的时候，一听到这个词，她就能马上笑逐颜开。而且，她还能借题发挥把"咪咪"的概念延伸到很广很大的范围，狗、美女等，这些看起来俏丽些的图案，她一律都叫作"咪咪"，她衣服上的花色图案，牛年之初买的金牛卡通，她的那些花花绿绿的玩具动物，全部被她称之为"咪咪"。"咪咪"，成为她喜欢的东西的代名词。甚至，春节之时去她舅爷家，连看大门的那只凶恶的卷着白毛的德国大犬，都被她称为"咪

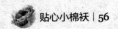

咪"，甚至火急火燎地要扑上去抓挠去亲热，后来，她发现了舅爷家其他五只狗，也被她称为"咪咪"。

再后来，宝宝被小妹带回老家住了半个月，离开了到处都是"咪咪"的环境，回京之后，"咪咪"之声减少了很多，取而代之的是"喵喵~~~~"

啧啧，宝宝的语言不断变化，万变不离其踪的是每次都跟动物有关，不知道接下来她的语言变化会与哪种动物相关。

喜爱动物，大概是孩子们的天性吧。

2009年3月23日

 贴心贴士

只要有了孩子，家里就成了玩具世界和动物世界。

妈妈，妈妈~~~~

　　"妈妈！妈妈！"在宝宝一岁之后的这些日子，每当我提着包从外面归来，正在蹒跚学步咿呀学语的宝宝都会急急地从地板上爬过来，嘴里面这样理直气壮甚至有些义正词严地叫着，有些质问，有些坚决，有些得理不饶人的口气。

　　在宝宝两三个月大的时候，昔日的同事老友，也是位年纪略长的大姐前来看望她。看着睡得很香的宝宝，大姐叹道："这么个小不点儿，什么时间才能长大啊！什么时候才能够叫你妈妈啊！"

　　快啦，很快就会叫的，日子一晃就过去了，也许一眨巴眼睛，宝宝就长大了。

　　那时，听到"妈妈"这两个字眼将要与我联系在一起，起初还有些新鲜还有些不适应，毕竟生平以来还没机会听到有人叫我妈妈。

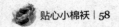

现在，妈妈之声，在宝宝每天百叫不厌地重复之下，已经是家常便饭似的习以为常了。但是我已不记得宝宝到底是哪天开始叫妈妈的，也许是在她四五个月或者六七个月的时候吧……

2009年5月10日

　　妈妈们一定要珍惜这一声"妈妈"，这是人世间最动听的音乐。

突然就会走路了

正在办公室忙碌，妹妹打来电话兴高采烈地说："姐姐你什么时候回来啊，宝宝突然学会走路了，竟然能一口气走八九步。"

我喜出望外，急急收拾电脑从公司往家中赶。

宝宝若无其事地在她的泡沫卡通地毯上玩那些成堆成堆地玩具，嘴巴里不停地叽里咕噜地说着她那些别人听不懂的语言。这小家伙儿经常自言自语，虽然她还不会流畅地说话，可是她会假装，假装大人说话的语速和样子。学走路也一样，虽然在此之前她不会走路，可是，她经常装作自己会走路的样子，我们见她坐烦了、趴烦了去拉她起来，她经常把我们的手往旁边拨拉，好像她已经不再需要我们的帮助，事实上，她站都站不稳。有的时候，她还假装跑步，在我们的搀扶下，她起步飞快，俨然她已经学会了跑步。

　　"妈妈回来了！"小姨对着宝宝喊。"宝宝！"我对着她叫。见我回到家，她眼睛抬也不抬地随便若有若无地说了声"妈妈"，然后又自己玩去了。

　　"站起来走两步，走两步，宝宝。"可是宝宝装作什么也听不见。

　　见这招不灵，小姨又换了招数，对她喊道："宝宝长大了，长大，欢欢呢？欢欢，米奇，月月，他们都会走路了。"这是小姨为了教宝宝走路特别发明的激将法，因为同一院中的这些小孩子们都比宝宝大些，早就学会走路了，宝宝每天都看到这些小朋友走来走去，尤其是那个叫欢欢的只比她大不到一个月的女孩早就学会走路了，宝宝也急了，甚至有一次竟然急到以为自己会走路，站起来就想跑。所以，每次提及欢欢的名字，她都以为是我们在叫她走路。

　　"欢欢长大了，宝宝也长大了……"

　　这次，宝宝听了这两句，急急颤颤地站了起来，有些前摇后晃，然后开始歪歪斜斜地往前走，路线的轨迹还转着弯，只七八步，就扑到了近在咫尺的小姨的怀里。如此这般，在我们的左哄右哄之下，又表演了三五次。为了表扬她的进步，我从地上把她抱到怀里，她马上大喊大叫，小妹急了，说："你抱她干什么？她要自己玩儿。"我有些怅然若失，宝宝长大了，甚至大到连妈妈都不需要了。我把她重又放回地上，她就自顾自爬走玩去了。

　　宝宝在各方面都是极其聪明甚至早熟的，从她对外界的反应，从她模仿大人的状态，都比同月份的小孩子成熟，唯独走路，学得时间最长，似乎从她十个月的时候，我们就开始有意识地双手搀着她教她了，直到现在。

"宝宝大了会走路了！"小姨感叹着说。"一年啦，这是一年啊，带着她，日日夜夜，我们终于可以看到成果了。"我有些激动，有些说不出话，回味着，追忆着这一年多以来的一幕幕，那一声声的婴儿的叫声，那些渴望喝奶的懵懂的无邪的眼神，那些我和小妹的不眠之夜，每一片尿布，每一件衣衫，每一瓶奶粉，每一次沐浴，每一次大小便，还恍如昨日，还在眼前……面对着这个鲜活可爱不断成长中的生命，心中五味杂陈，既酸楚又幸福，既感伤又喜悦。

宝宝宝宝快快长大，长大就可以陪着妈妈一起创业啦。

2009年4月10日

贴心贴士

孩子的成长一瞬即使，不要错过孩子成长的每一个瞬间。

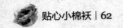

鹦鹉学舌

宝宝虽然学步晚，但却是周围孩子中最早开口说话的。

宝宝呢，不会走路，总让大人拉着她的手，嘴里不停地喊着"拉拉"、"拉拉"、"姨"、"妈妈"、"bye bye"……刚过周岁之时就会说爷爷奶奶，而且，她还会察言观色，还会区分男士女士，见到上了年纪的老大爷就喊爷爷，见到奶奶样子的人喊奶奶，见到年轻的小伙子喊哥哥，甚至，前一段时间我们带她去浙江，她叫同车的一位与我年纪相当的老朋友哥哥，逗得大家捧腹大笑……在北京家的小院里，周围的爷爷奶奶都特别爱逗着她玩儿，纷纷说："这个小孩子，这个阿宝。"

2009年4月13日

举着胳膊学走路

　　我家宝宝开口说话很早，但学走路却较晚，而且我们手拉手地拉着她学了很长一阵子，才可以完全放心地撒手让她来去自如。

　　但宝宝很要强，看着同院与她同龄的那个小女孩儿欢欢刚刚学会走路时，她的自尊心特受刺激，总是推开我们的手，努力地要自己来，可是，却频频地或趔趄或摔倒，爬起来后依然坚持自己走。宝宝似乎更加关注自己的弱项，其实，当时宝宝已经会说好多单词了，可会走路的欢欢却一个字都说不出来，听着我家宝宝说话只会着急地大叫。大概，每个孩子都有他们天性中的强势因素。

　　但是，宝宝的小姨仍然忧心忡忡，时不时反思是不是给宝宝补钙补得晚了，或者补得少了，或者是哪个品牌的奶粉又吃得不对了。

　　迟早都会走路的，急什么呀，等她长到三岁，你看她会走不会走？

终于，拉着宝宝的手可以间或放开了。在大人刚刚能够悄悄放手让她自己走路的那段日子，宝宝自己走来走去，而且速度很快，似乎没有什么固定的方向感，似乎很难准确把控自己的腿脚，一会儿碰这儿，一会儿撞那儿，不是摔倒在地，就是撞到门框，不是撞上茶几，就是撞了南墙碰了壁。那一阵子，家里总是时不时会有宝宝的哭声，以及大人们喊着"都怪地""都怪这张茶几"学哄孩子的托词。

每次看到宝宝摔倒或碰撞，我的心都会一阵阵紧缩，好像磕碰的不是她，而是我，甚至比我自己受了伤还要难受，那种心底里隐隐的痛和心脏痉挛，让我深深体验到母亲和孩子之间心电感应的神奇力量。我极力地说服自己每当目睹这样的情景时，要放松自己的神经，可是，我总是做不到，总是在心痛的同时惊呼。宝宝的小姨总是在那些时候严厉地斥责我："叫什么叫？别吓着孩子。"

慢慢地，宝宝越走越稳了，但是，在刚会走路的很长一段时间里，她总是举着胳膊，佯做投降状，或走，或跑，那双胳膊却不知道放下来，即使你强迫她放下来，你刚转过身，她又举起来了。我们分析宝宝举着胳膊学走路的原因，可能有种种，其中最主要的也许是宝宝偏胖，体重偏重，所以她为了平衡身体，不得不靠胳膊来左右角度。

后来，我们就开始研究宝宝的走姿。有一天，小妹突然开心地说，终于发现宝宝哪点像你了，她卖了个关子，因为几乎所有见过宝宝的亲朋好友都会用眼睛问：这孩子是你亲生的吗？意思是她那张脸跟我的没有什么共同或相似之处。

"哪点像我？"

我迫不急待地问。

"是她的内八字脚。"

我盯着宝宝走路的双脚，可不，都有些朝内弯弯，显然是继承了我的走路风格。

没过多久，宝宝那举着投降的胳膊终于放了下来。不过，她走路的姿势花哨样子可多了，手一会儿这儿，一会儿那儿，摸摸这儿，捅捅那儿，就像她拍周岁照片时的表情，丰富着呐。

2009年6月3日

贴心贴士

其实，根本不用着急，宝宝迟早都会走路的，正如迟早都会开口说话一样，一切都会水到渠成。

宝宝和她爸爸

终于，犹豫了很久之后还是把宝宝送到了她爸爸那里，虽然心中有如何不忍，如何不情愿，如何难舍难分，虽然每次我动了这样的念头都会情不自禁地泪湿沾襟。但还是无可奈何，我知道宝宝和她爸爸的心其实是贴得很近的，做为妈妈，我得创造机会让爸爸陪伴女儿的成长。

况且，宝宝的爸爸不止一次地在电话里申请说："如果我带宝宝，肯定比你这个当妈的带得好。"

于是给宝宝带上吃的喝的穿的用的，在宝宝姨姥姥送别的泪光里，奔赴首都国际机场，奔赴宝宝的浙江老家，奔赴到她爸爸那里。在飞机上，边让小不点儿又吃又喝又玩儿，边教导着她说："一会儿马上就见到爸爸了，爸爸，你的臭爸爸。"

　　在杭州萧山机场出口处见到等候多时的爸爸，小家伙假装跟没事儿人似的往我怀里躲，与她爸分别两个月余，定是觉得陌生了很多，但是我可以看得出她的小心眼儿里是有数的，她时不时偷偷地往她爸爸那里瞅一眼，然后马上转头到我这里。我跟她念叨着说："还记得吗，宝宝？这是爸爸，臭爸爸。"快上机场巴士时，小家伙用手指着国内到达的灯光，不会具体地说，只是口中念念有词"嗯，嗯，嗯"，意思是说应当原路返回，不想上那辆陌生的车。

　　果然，到了家，宝宝时不时在她入睡前折腾人的时段，总会在喝了半瓶子奶之后大喊"爸爸，臭爸爸"，然后她爸总是乐颠颠地从客厅跑过来陪着她一起入睡。

　　宝宝似乎在这些天的辗转中预感到了什么，空前地像块膏药似地黏着我缠着我，喝奶、饮水、吃零食、躲猫猫、"咚咚咚"地来回哼着音乐跟着节奏转来转去、变皮影、到外边玩儿、沐浴、睡觉等等，无一不是缠着我亲力亲为，稍有疏忽，她便扯着嗓门儿伸着胳膊指着我用近乎撒气式的口气大喊："妈妈！妈妈！"似乎怕稍稍松手这个妈妈就会逃跑。事实上，在小姨和姨姥姥带她的一年半时间里，她几乎是不跟我亲近的，最亲近的当属她的小姨，吃饭睡觉一日三餐24小时地在一起，她俩之间的感情亲密程度远胜于我。这次，真的不一样了，到了浙江家里的那几天，她恨不能每分钟都与我黏在一起，唯恐一松手，我就跑了。

　　宝宝见到奶奶也有些怯生生的，嘴上叫着奶奶，就是不敢往前挪步。不过，只一天，小家伙就已经开始在奶奶的厨房里大闹天宫了，洗好的碗，被她一个个搬来搬去，排列好的锅，被她用力地搬上搬下，塑料袋中的油炸花生米，被她抓得到处都是，更让人捧腹的是，她拿着这些煎过的花生米，一把一把地扔到了鱼缸里，那些游鱼，追着喷喷香的漂在水面的花生米们你追我赶，鱼缸里的鱼也变得空前活跃激动起来。

数着返京的日子，但是我不敢预订返程的机票，还是担心自己一离开，宝宝会受不了，担心她因为看不到妈妈整日哭闹影响了身体健康，虽然这次在浙江家中与宝宝和她爸爸奶奶相处了将近一周，让他们有充分的时间磨合。我一次次地试探着离她远些，把跟她在一起的机会让给她爸爸和奶奶。果然，只要带着她下楼玩几次，她与爸爸奶奶的感情马上就拉近了很多。

临走之际，为宝宝选购好奶粉、玩具以及方便拉屎撒尿的与北京家中颇为相似的"小鸭鸭"形状的尿盆儿，南方蚊子多因而帮着买了蚊帐挂起来，又一五一十地把她的生活起居习惯转述给爸爸和奶奶，比如每天必须喝三瓶奶，吃饱主食，随时添加零食，多让她喝水，每晚洗澡，经常用盐水洗屁股等等，交待每一件事情时，我的眼睛都湿润着。

收拾行李时宝宝正好睡着，我低着头匆匆忙忙为她归整好衣物、玩具，提着行李箱离开的那一刻我再也忍不住泪流满面，几乎痛哭失声，奶奶送到门口说你放心吧我会照顾好宝宝的。从家中到机场、到登机、到延误两个多小时之后起飞，一直眼泪汪汪的，海南航空的小姐们非常善解人意，假装不经意用眼神的余光看到我肿得像桃子似的眼睛，每隔一会儿就询问："小姐，我能帮你什么吗？"

我低着头摇着头，如释重负，但又徒增孤独，没有了宝宝的大呼小叫，有了身边的安静但却失去了内心的安宁，甚至还心生出很多惶恐，担心她不好好吃饭不安心睡觉，也担心她从北方到南方后在饮食和气候等诸多方面的不适应。

宝宝在南方和她爸爸在一起，北京的家里安静极了，终日只有我一个人在曾经喧嚣的几个房里徘徊在电脑上敲击，没有宝宝的叫喊和捣乱作为生活的旋律和伴奏，似乎什么都提不起兴致，茶饭不思百无聊赖，我像生了一场大病，蔫蔫的。

2009年8月11日

贴心贴士

自己生的孩子自己养，千万不可推卸责任，否则一定会得不偿失。

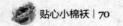

翘望妈妈

宝宝被我送到江南月余，每天都给她爸爸打电话询问宝宝的衣食住行和喜怒哀乐。每当听到爸爸说"妈妈的电话"时，她总是会飞跑到大门口处倚着门翘着脚张望，口中喊着"妈妈~~妈妈~~"，以为是妈妈该像往常那样从门口处回来了。

可怜的宝宝。

每当她爸爸在电话中说"不能再打电话了，她又跑到门口张望等你了"，我都会眼泪涌流，恨不能失声痛哭，心中懊悔甚至有生理疼痛的感觉，把宝宝送走，的确换来些自由的时间，但却多了更多的伤心和牵挂。

记得我一个人返回北京的那天，她爸爸叮嘱我说："你可不能太想念宝宝了，否则宝宝的魂魄会被你搞得很不安宁。"但是，我还是无法控制自己的情绪，宝宝不在身边，六神无主，其实并未提高工作效率，我有些后悔当初的决定。还是老同学说的对，"无论你在北京的工作压力有多大、生活有多艰难，都不能让孩子离开你，一个婴幼儿怎么能离开母亲？如果有一点点可能，你都要与孩子在一起，陪着她一起长大，分享着她每一天每一分钟的成长的快乐和点点滴滴。"当初，我没有听她的劝告，现在才知道，宝宝不在身边的这两个月的功课，是再也没有弥补的机会了。

每当我外出看到楼下小花园里或街上那些一岁半左右的小孩子，我都要上前认真看半天，我都要在内心里把他们与我的宝宝做个比较。每当我路过婴幼儿童装店，我都要进去挑挑拣拣比比看看，宝宝肯定又该添置新衣服了，据说她最近一个月长了三厘米。这三厘米，是我没有亲自检阅的三厘米，是我没有亲历没有记录的三厘米。我失去了三厘米，未来不能再失去。

2009年9月3日

贴心贴士

一定要记住，作为孩子的妈妈，一定不能与宝宝长期分离，只要有可能，就与孩子在一起。

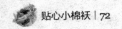

褯褓、尿布和小褥儿

终于要去南方接宝宝回北京了，在朝思暮想魂牵梦萦了将近两个月之后。

提前几天就开始准备宝宝驾临北京之后她所必需的物件，小推车、玩具、秋天的衣服、浴巾、小毛巾、纸尿裤等等。该洗的洗，该刷的刷，送宝宝走时还是夏天，将近两个月过去，已是风高气凉的北京的秋天，宝宝的那些棉毛用品，这么久没用过，虽然偶尔被我拿出来睹物思人地翻翻看看，顺便给她的这些东西透透气。但毕竟时间太久，于是拿出来一一分类清理，小浴巾、小枕头分别洗净，她经常铺的小褥子和盖的大被子上还都留着宝宝的尿味，于是赶紧拆洗这些棉东西，拆起来好拆，可是做起来真难做啊。

望着那一堆里儿是里儿面儿是面儿的东西，发愁了好半天，终于痛下决心，拿起了针线。

翻箱倒柜地找出顶针儿，这是做棉被褥必需之物，开工了，这可是做女红啊。

将近二十年没有动过针线，回想起来，还是大学二年级的时候，迫于背井离乡异地读书的无可奈何，我亲自拆洗过那床棉被，之后，再也没有摸过那些针头线脑儿的活计。有些笨手笨脚，偶尔还把手扎出了血，可是，看着手下那熟悉的棉被，一点点被我缝制起来，一种久违的亲切感和幸福感温暖地涌到了面前，仿佛时光倒流，旧日重现。

我想起了自己的母亲，在她有生之年的岁月里，在她几十年如一日的操劳中，在她一生的盼望里，她似乎就一直如此这般地缝缝补补着。我们姐妹几人包括全家人铺的盖的、穿的戴的，每件御寒挡风的棉质用品，几乎没有一件不是出自母亲的手，母亲穷其一生的时间为全家人、为孩子们缔造编织缝制着温暖。

手下的这床棉被，就是在上个世纪送我去安徽读大学时母亲专门为我缝制的，粉色丝绸被面儿，白色的确良被里儿，软软的新棉花，做成之后，由父亲背着那些包裹把我从北方的故乡送到了南方的大学校园里。大学毕业之时，我扔掉了很多的东西，用过的参考书，穿过的旧衣服，可是，唯独这床棉被，又被我千里迢迢地带回了北方。在每个严寒的冬天，总是这床棉被陪着我安睡暖暖一晚又一晚。过了很多很多年，我结婚并在南方生女，宝宝满月后我抱着她回到北京，我给宝宝盖的也是这床棉被。这床棉被，就成了我家的传家宝。

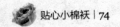

缝着缝着，我真真切切地体会到作为母亲的幸福感中夹杂着的责任感，飞针走线，这是一个母亲的形象，自觉不自觉地，我觉得自己变得与我母亲一样伟大起来。

做完了传家宝般的被子，接下来是她的小褥子，因为宝宝一直在用纸尿裤，所以只要晚上不用纸尿裤，她的屁股下面肯定是汪洋一片又一片，所以，把她的两个小棉褥做完也是势在必行之举。其中那个浅蓝色格格儿小褥是宝宝的小姨在这小家伙儿出生之前亲手缝制的襁褓，当宝宝还是个婴儿的时候，我们就用那个棉褥包着她，她的小脸儿被那个清雅的颜色衬托得分外好看。

这几个大件完工之后，又装上两个刚刚洗好晾干的中式红枕，找出她的花浴巾、秋天的衣裤，等等等等，终于大功告成。打电话告诉妹妹我做的这些女红，她在那端惊讶半天："天啊，你竟然会做针线活儿啦?!"

2009年9月27日

贴心贴士
　　必要的时候，拿起针线，学着为自己的孩子做女红。

婴儿常旅客

这次宝宝与我从杭州回北京的航空之旅，突然让我觉得宝宝在原本乖巧的基础上好像又懂事多了，欣慰之余又隐隐心痛，这么小的孩子，还是个宝宝，就这样提前懂事了，我宁可一岁多的她依然丝毫不谙世事。

在萧山机场登机时我告诉她，京京你要自己走啊，别让妈妈抱，妈妈这几天没有力气，直不起腰来，她好像听懂似的从安检处一口气走到了登机口，经过机舱廊桥舷梯时，她抱着奶瓶咬着奶嘴儿自顾自地边走边怡然自得地喝着奶，走几步退几步，东摇西晃左顾右盼，几位被她挡住去路的旅客回头看着这个小不点儿，"真好玩儿，这么大的宝宝正是好玩儿的时候，刚学会走路但走不稳，又非要急着自己走"，好多旅客经过时看着时不时扯着嗓子对宝宝说"这儿，这儿走，快来，快来"，还时不时抓住时机为她拍照片的我问"小家伙多大啦"，我边忙活着她边应承着过路者。

　　她是一路自己走着来到机舱座位的，不得不再次感谢萧山机场的工作人员，故意让我们旁边的座位空着，这显然是留给我和宝宝的，按照规定，不满两周岁的宝宝乘机是没有单独座位的，只能与同行的大人同坐一个位置，即坐在大人的膝盖上。

　　空中午餐开始了，宝宝这个"模仿秀"人物也学着我和邻座用湿纸巾擦手、打开餐盒、拿出餐具，她那小猴子似的动作让左邻右舍忍俊不禁地与她打招呼逗她，她也乐得前后左右地笑脸相迎，偶尔还会向别人发出个"喵呜——"的猫咪叫声。我要了一份牛肉饭，配餐是面包，小家伙儿可能是饿极了，看到面包就喊"面包、面包"，为她打开那个圆面包，眼见她囫囵吞枣似的下肚，接着还要，邻座的小姐又把自己的那份送给了她，于是又一个面包痛痛快快地下肚了。之后饮料车来了，请空姐把苹果汁加到宝宝的奶瓶儿里，小家伙儿又咕咚咕咚地一饮而尽，这是近二十天来我见她吃饭最痛快最尽兴的一次。可能是因为身边没有了爸爸和奶奶这俩靠山，没了讨价还价地对象，所以生活一定要独立啦，所以，一切都乖乖地。

　　白云、飞机的翅膀，飞呀飞，与宝宝用这样简单的词语和句子交流着空中所见所想，闹来闹去中，两个小时即将过去，很快降落在了首都国际机场，"我们到北京了，我们回家了"，下飞机前，空姐提醒我北京温度很低，要给宝宝加衣服，"还要换摆渡车吗？"空姐说是，这是我带着宝宝最不想听到的，摆渡车上座位很少，又时不时地要拐弯儿！

　　终于下了车到了航站楼，拉着宝宝走了很久才到行李转盘处，来回不断地周折，我怕宝宝不解其中味，于是对她说："宝宝我们要取行李了。"她也跟着用模仿的声音嗲声嗲气地说"取行李~~"

乘机场巴士到目的地下车，乘务员帮着我们把重重的行李搬下车对我说给孩子穿厚点吧，北京很冷，外边风很大的……我连忙把宝宝的外套扣子系紧，帽子戴好。一手拉着行李箱、提着电脑包、背着宝宝的奶粉奶瓶包，另一只手拉着宝宝，在北京秋末既干燥又阴冷的风中打车，可半天都打不到一辆出租车，我对跟着我亦步亦趋的她说："京京，拉着妈妈的手，看好我们的行李。"她也在寒风中半清不楚咿咿呀呀地重复着这些字。一阵心酸掠过……还是打不到的士，看着身边一言不发的宝宝，不得已叫辆人力黄包车，还好，小区保安帮我们提着所有的行李送到家门口，感谢，世界上还是有很多善良之人的。

2009年10月22日

贴心贴士

带着宝宝乘飞机，一定要给小屁屁穿上纸尿裤，否则不好控制。两岁之前要多带着宝宝航空旅行，婴儿票价100元，否则2岁之后直到12岁都是成人票价的一半。

旋转木马

　　带着宝宝到百货超市玩儿并购物是目前我和宝宝常有的户外活动，那里除了婴幼儿娱乐，吃穿用度也几乎应有尽有，宝宝的很多奶粉、衣服、童车等用品也大都是从这里shopping回去的。三层的儿童乐园更是让宝宝倍感新奇和开心，各种各样的游乐设施——蹦蹦床、陶吧、手工制作、婴童摄影、早教与亲子教育机构比比皆是，最吸引宝宝的是那个圆圆的旋转木马。

　　卡通形的木马被做得很孩子气，几匹马被涂上不同的鲜艳颜色，眼睛大大的，甚至脸孔上还带着笑意，马背上是供孩子坐的座椅，换几个硬币投进去，木马便开始唱着歌儿旋转，宝宝坐在马背上跟着音乐开始左摇右晃，嘴里念叨着"跳舞的音乐……"每次听到跳舞的音乐她都会这样左右摇摆蹦蹦跳跳。

　　宝宝在浙江的两个月内，我几乎每天都疯狂地想她，以至于经常以泪洗面，可是，当我终于如愿以偿地接她回到北京，当我专职地照顾她两周之后，反倒觉得，我像极了旋转木马。

　　当我经历了一个人照看她，为她每天洗澡、每天三四次地换洗衣服、每天一两趟地"出去走走"，她一会儿喊这疼一会儿喊那痒，一会儿摔跤一会儿拉屎撒尿，一会儿要喝奶一会儿想喝蜜水，我就得像做化学实验似的为她倒腾各种各样的瓶瓶罐罐，忙得我团团转，冷汗热汗出了一阵又一阵，不仅如此，她还采取"盯人战略"，缠着我让我陪她唱歌、跳舞、做"两只老虎"和"小白兔白又白"的各种动作，我做饭她翻腾橱柜、我洗衣她冷不丁地拧水管，我上网她就在我的笔记本电脑上敲打……她像个"跟屁虫儿"和"破坏分子"般，让我的生活变得天翻地覆混乱不堪，更不要谈工作和事业。可是，我深知自己是没有资本也没有时间做专职妈妈的，所以，不得不又面临着一个既新又旧的难题，谁来专职地照看宝宝？

　　北京的保姆是那么的不可信任，即使是来自于家政公司也无法让人放心，娘家的人能用的都用过了，能请的都请过了，能帮忙的都已经来京帮过了，我该怎么办？

　　宝宝回到北京后，日复一日地与我厮守在一起，刚开始那几天还很兴奋，但很快她就变得蔫蔫的，甚至食欲不振，感冒，闹肚子，一件接着一件事情地来了，她不舒服的时候就让我整天抱着她，即使下楼活动，她也不爱自己走路了，我只能抱着她，抱着她，抱得我的背都快驼了。

我妹妹似乎与我们有心电感应般，几乎每天一通电话，询问宝宝状况，关心有没有请到专门看护宝宝的人选。自从宝宝在我肚子里开始成长的第四五个月，妹妹就放下自己的家庭背井离乡地到北京专门陪着我，她说我怀孕对全家人都是很大的福音，况且这样的年纪怀孕生孩子是很危险的，于是我走到哪里她就会跟到哪里，一日三餐夜以继日地伺候着照顾着，直到宝宝降生，满月回京后，又是妹妹亲手陪我度过了哺乳期，度过了宝宝直到一岁半的时光，她花在宝宝身上的时间和精力已远远超过了她自己的两个儿子，所以，她对宝宝有着特殊的感情，甚至把宝宝喊做她家的"小三儿"。

妹妹在电话里说，如果实在找不到人看护宝宝，她宁愿辞掉现在的工作在京石两地跑来跑去。当然，我不能再次要求她这样做，她已经为我们牺牲得太多太多。妹妹甚至为宝宝找保姆的事情急得梦到了我们自己的母亲，她在梦里看到了我们的亲生妈妈，叫着她："你到哪里去啊，我姐的孩子还等着你照顾呢！"醒来是场梦，她把梦境重复给我的时候，我的眼泪不自禁地涌流而出，同样，我也无数次地梦到自己的母亲，梦到她，却不能走近她，不能跟她对话。我想，母亲高高地在天上眼巴巴地看着宝宝和我，不知道如何地渴望亲手抚养这个孩子，这个她生前一直盼望着的我能在她有生之年结婚养育的孩子啊。

看着骑在旋转木马上的宝宝，我的头似乎也旋转了起来，宝宝，你不能离开我，我也不能离开你，我要带你教你培养你，但是，你要给我时间啊。我该怎么办？

2009年10月30日

贴心贴士

孩子的确占据了我们的时间，给我们的工作带来了尴尬，甚至把我们变成了弱势群体，但是，一切都会过去，就如雨后天晴。

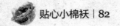

第一双拖鞋

第一双脚套儿、第一双袜子、第一双软布鞋、第一双虎头鞋、第一双凉鞋、第一双皮鞋、第一双靴子、第一双运动鞋……针对宝宝的脚的东东有很多第一双。今天，她又有了生平第一双小棉拖鞋。

宝宝的鞋子基本上都是我亲手为她选购的，一直认为宝宝这么小还不适合像大人们那样穿拖鞋，无数次到超市或婴幼儿用品专业店，都想着是否该为她买双小拖鞋，但每次都只是看看了事儿，因为我家宝宝实在是太吵太闹了，让她穿上拖鞋，肯定会被她丢得东一只西一只或两只统统不穿赤脚走路。事实上，今年夏天她基本上都是光着脚度过的，虽然光脚走在刚刚拖过的湿地板上导致她摔了一跤又一跤，虽然她也有好几双学步鞋和凉鞋，但基本都没派上什么用场。

宝宝学走路时正好是在年初，学会走路正好是春天和夏天。

　　夏天在浙江家里过了两个月，她奶奶说，鞋子基本上对她是没用的。可不，当我去接她回京初到江南的那几天，晚上大半夜让我们陪着在小区里走，那哪里是走，分明是跑，她光着脚，跑得还挺快，边跑边激动地喊叫。有天晚上正好陪她夜半散步时小雨，她爸爸顺手抄了件我的棉袄，赶下来为她披上，这小家伙儿光着脚穿着我的大棉袄在诺大的园区里跑来跑去。偶而夜归的人看到这个小家伙儿，都纷纷惊讶地说，这是谁家的宝宝啊，这么晚了还不回家睡觉？

　　宝宝一学会走路就学会了穿大人们的鞋子，无论皮鞋、凉鞋、运动鞋还是拖鞋，只要门口和鞋柜边上摆着我们的鞋子，她肯定会时不时地去踢踏那些大大的鞋子。

　　她那么一个小小的人儿的小脚丫儿，装在诺大的鞋窠里，煞是滑稽可笑，虽然她比其他同月份的宝宝们都胖都重，但毕竟还是个一岁多的孩子，穿上一双巨大的成年人的鞋子，仍然有很强烈的对比度，甚是滑稽。

　　前几天北京降了一场大雪，天气冷得哈气成冰，宝宝还偶尔会上演穿大人鞋子的把戏，早已养成光脚习惯的宝宝有时候竟然还在寒冷的室内光着脚丫子走来走去，给她穿上鞋袜，我一不注意时她就会自己脱下来，每次看到她这样我都会很生气地冲她嚷嚷，可是我越生气她越觉得好玩儿，脱鞋袜脱得越欢。无奈之下，我想，是否该为她买双小棉拖鞋啦？

　　在千挑百选之后，终于拿了双桃粉色童拖鞋回家，给她试穿时，她甜美稚气地夸着那双棉拖，同时也夸着我说："美鞋，真好看，妈妈买的~~~~"

看，我只不过为她买了双小拖鞋，她就高兴地哄我开心了，这家伙的嘴，真甜。

2009年11月5日

贴心贴士

宝宝们其实是很好哄的，只要投其所好，一块糖，一件衣物，一双鞋子，一个玩具，都可以让他们由哭喊闹腾的状态立马变得欢天喜地。

第三章 2—3岁

不知不觉中，在南方与北方的归去来中，在一会儿北京一会儿江南的时空变换中，宝宝两周岁了，长大了，这也意味着她在未来与我一起的飞行中再也不能买婴儿票，而不得不以五折机票一直坚持到十来岁，这是航空公司关于两周岁以上儿童票价的规定，这意味着未来N年，我和宝宝的飞行成本要大大地甚至成倍地增长啦，因为她的票经常会比我的特价机票还要贵很多。

两周岁，相见时难别亦难

腊八是宝宝的农历生日，因为她此时在南方而我在北京两地分居，只好给宝宝爸短信祝她生日快乐苗壮成长，然后又给带着宝宝的奶奶电话，因为奶奶曾经说过宝宝过生日的时候要给她念经放生，奶奶把电话放在宝宝的耳边让她跟妈妈说话，听到的还是一如既往的清脆的嫩嫩的声音"妈妈宝宝"。

这是宝宝叫妈妈时的特殊用语，她很少单独喊妈妈，而是喊我"妈妈宝宝"，最近一次与她团聚，也就是两周以前的元旦期间，那次分别的间隔是一个多月，当我晚上十点多钟拉着行李箱归来，他们爷俩正在小区的亭子里边玩儿边等，见到我从车上下来后，宝宝爸对宝宝说："妈妈回来了，回家喽。"宝宝跟在爸爸的后边一蹦三跳地跑过来，昏黄的路灯光下可能宝宝还看不清楚我的脸而显得对我不理不睬的样子，爸爸提着行李，我抱着她上楼，她一直静静地乖乖地伏在我的怀里，进到房间里把她放下来，她也没有表现与我亲热，而是该玩什么玩什么，这让我内心觉得有些微微的失望。直到开始为她洗澡把她放到温热的浴盆里时，她似乎才回忆起来什么，与我之间的亲子状态才回到从前的样子。她还是喜欢在澡盆里尽情地玩儿，赖赖地不想出来，直到那满满热热的一缸水变成温水，再勉强采取强硬措施把她从里面拖出来。裹着浴巾扔到床上，她仍然不老实地在浴巾里手舞足蹈，穿上干净的松软的小衣服后，她马上在床上撒欢儿地爬来爬去滚来滚去，直到后半夜才开始揉眼睛抹鼻子有了睡意。

一瓶子热奶灌下去，一觉睡到次日的日升三竿，我一直躺在她身边陪着她不敢动，害怕我一动一起床就会惊了她的美梦。一觉睡到自然醒，她睁开眼睛的第一件事情就是双手捧着我的下巴，像个恋人般地看着我的眼睛，然后聚精会神清清爽爽地叫了声"妈妈宝宝"。

这样的声音叫得我的心都软了，都酥了。

还有什么比这样的声音更让人留恋，还有什么比她那双小手更加温柔、更加细软、更加让人难以割舍呢？

又甜蜜，又惭愧，又伤痛。

这样倍受折磨的感觉在我与宝宝两地分居、不断聚首、不断别离又不断聚首的轮回中重复着。十天之后，在一个她正在沉睡的清晨与睡梦中，我不得不与梦中的宝宝吻别，我含着眼泪再次提着行李回到北京，再次回到我正在苦苦追寻的所谓的事业和梦想中。这次没有来得及为她过第二个生日，把这个机会单独留给她爸爸吧，于是，在回程中对他千嘱咐万叮咛。宝宝一周岁生日是我和小妹一起为她在北京庆贺的，虽然宝宝那时还不大懂事，但我还是煞有介事地认真地为她买了新衣服、订了生日蛋糕、点燃了一支生日蜡烛，之后还斥资将近两千元带她到小鬼当家拍了100多张纪念照。这小家伙儿，人不大但特别识逗，在摄影助理种种怪相的扮演下一逗就乐，甚至还顺坡下驴儿似的摆出各种POSE专供摄影师抓拍。

今年的此时我不在她身边，但是我必会把她的两周岁纪念照认真地补上。

当我说"祝宝宝生日快乐、宝宝两周啦、长大啦、要听爸爸和奶奶话"时，她已经在电话的那边又敲又闹了，这让我在思念伤心之余又稍稍有些安慰，宝宝变得更加调皮更加贪玩了，这样更好，她可以把依恋想念母亲的情绪暂时转移到其他更加好玩的事情上。

不知不觉中，在不断的南方与北方的归去来中，在一会儿北京一会儿江南的时空变换中，宝宝两周岁了，长大了。

2010年1月22日

贴心贴士

妈妈是宝宝最好最美的依靠，与宝宝的分离，一定会产生心理的距离，你需要花更长的时间和更多的耐心去补课。

与姥爷在一起

想了很久很久，夜以继日，在辗转反侧了无数个不眠之夜后，经过与父亲的反复沟通，我还是想把宝宝暂时寄养在我小时候生活过的老家。

突然想起了海岩作品《玉观音》中的女主人公，作为公安战士的她不得不到处进行危险性很高的警匪工作，生完孩子不久就不得不把孩子寄养在父母那里，而那孩子的父亲是个罪犯，他甚至不知道自己还有个孩子。

自嘲地笑了笑，人生，就是这样的莫名，或悲，或欢。无论如何，作为心中充满了爱的母亲，对于孩子，我们都会毫无保留地抚养、疼爱、怜惜。因为，孩子是我们身上掉下的亲骨肉，孩子所遭受的任何委屈我们都会感觉到疼痛。

这样决定之后，我看着身边宝宝睡着之后的香甜的小脸，在那张脸上寻找着我的影子，难道，难道，我又生育培养了另一个我自己吗？让她简单地重复我童年时代的时光，无论从地理和亲情的哪个方面，如此，宝宝比我还可怜多了，因为我的童年是在父母双全的幸福家庭里快快乐乐单单纯纯地一天一天长大起来的，每天睁开眼睛，我都能看到自己的爸爸妈妈兄弟姐妹，而宝宝呢？她看到的是姥爷，是姥爷那张不再年轻的有些沧桑的脸，她咿呀学语的对象是不再风华正茂耳聪目明的我那年迈的父亲。

这样，就结束了因为宝宝在浙江她爸爸奶奶那里，我不得不每月飞来飞去的日子，也结束了我每年以三万多元人民币扔向天空的代价，打着飞的抱着宝宝与她的亲爸爸和亲奶奶团聚的反反复复的归去来。春节之后，因为宝宝已过两周岁，所以她的机票不再是婴儿票，而是比我的机票还贵的半价票，所以选择了乘火车软卧带着宝宝回京。我们附近的那几个车厢有好几位儿童，宝宝听到孩子的声音很是兴奋，她激动地在各个车厢之间往来穿梭跑来跑去，我不得不放下车厢内的行李在她的身后追赶，还好，车厢内的另三位都是很善良的长者，他们帮我照看着手机、手提电脑以及吃喝拉撒的各种行李。在火车上宝宝睡得很晚，一觉醒来时已到北京，抵达时是早晨六点钟，太早了，不好意思麻烦春节期间的任何朋友，就一个人拉着行李、带着宝宝打车回到北京的家。

这么早回来其实是为了迎接从美国飞来到北京工作的朋友，安顿好她之后又带着宝宝回到我的故乡城市，爸爸早已在我那套久未居住的闺房等候，祖孙三人开始认真地打扫到处落满了灰尘的房间，宝宝在边上帮忙，嘴里不停地喊着"宝宝帮妈妈打扫卫生"，听着这样童稚的声音，我的心，软软的。正月十五前夜与父亲同时回到老家，为了陪着宝宝熟悉那里的生活，我也不得不在老家陪着宝宝多停留几日，那几日，一如现在与宝宝分开那样酸楚。那次离开，是趁着宝宝中午睡觉时分悄悄走的，潸然泪下。爸爸见状，安慰我说，放心吧，孩子放在我这里你就放心回北京工作去吧。

　　两周之后，再次与宝宝团聚，还是在故乡的我那个小家，因为北方地区惊天动地的沙尘天气，我们两个除了拜访同住在一个小区的同学之外，几乎哪里都没去，就在房间里闹来闹去，宝宝，即使在没有玩具的那个家，也仍然能找到她爱玩的东西。与宝宝在一起这两天，除了陪着她玩，教给她几句诗词，主要是每天为她洗个热水澡，换洗衣服。宝宝在老家院子里放养的两周期间，皮肤已被北方天干气燥的风吹得黑而且红，加上前些日子突降的那场雪造成那几天的低温天气，她的小脸儿甚至有些龟裂，每天晚上洗完澡我都会给她涂上一层护肤油。周日的下午，好朋友又开车把我们送回到父亲处，出发之前，我就开始为她打预防针，"宝宝想姥爷吗？宝宝下午要到姥爷那里，妈妈要回到北京去"，宝宝似乎能听懂我话里的言外之意，马上对答"宝宝也要跟着妈妈到北京去"，我的心又一阵阵酸楚，作为父母，不与幼小的孩子在一起生活，不亲自陪着孩子一起成长，无论如

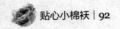

何都是罪恶的，不管有任何冠冕堂皇的理由和客观原因。可是，还是在宝宝的伸着小手要妈妈的哭声里，狠狠心离去，眼中满含着泪水。

　　每天我只能通过电话了解宝宝的冷暖和喜怒，第一次把宝宝放在老家，那几天每次打电话给宝宝，她的眼睛里都会含着眼泪，声音里带着哭泣，电话的这边也同样是我的哭泣，固然，爸爸说，放心吧，在这里玩儿得好着呢。

　　与宝宝生生地隔离，让我的心也一直处于沉沉的低谷，对宝宝的歉疚和思念，折磨着我，摧残着我。

2010年3月22日

贴心贴士

　　千万不能让宝宝成为留守儿童，这样的社会问题已经太严重，留守儿童的父母大多都是农民工。只要有可能，父母们都要在养孩子的事情上，亲力亲为。

京京要到北京去上学

　　春节之后把宝宝从浙江带回北京，不得不，我又遇到了从去年上半年一直持续到现在的相同问题，谁来专职带宝宝呢？

　　在过去行将一年的时间里，我带着她从江南到北国，从南方的那个小城市，到北京首都，再到故乡我曾久居工作过的那座省会城市，再到父亲那里的老家，来来往往，飞来飞去，无数个回合，我被反反复复的路程折磨得精疲力竭，宝宝也被来回抱得五里云雾七晕八素。

　　更让我心痛的是，我的事业和工作一直因为宝宝无法安定下来而无法正式地进行，经常心在曹营心在汉或者心猿意马。可是，长居京城，面对动辄以几倍的速度高高涨起来的物价、房价，以及因为抚养宝宝而衍生出来的各项费用，使我不得不再次像花木兰那样，准备再次复出，走向如战场般的职场。每每，约定好的合作伙伴都会直接或间接地来问，你何时正式出山啊？每每从同学同仁处听到这样的关切和期待，我都会心起波澜之后再度冷却下来，出山容易，可是，谁来专职地抚养宝宝呢？

面对行将开展的工作，我还是狠狠心，在正月十五过后不久，再度把她托付给了老家里年迈的父亲，尽管我深知，在正月里让这祖孙二人相依为命有多么残忍，可是，不得不这样。

在与宝宝分别的最初那几天，每每打电话给宝宝，她都会眼泪汪汪的，吓得父亲不敢让宝宝接听我的电话。

就这样，宝宝在姥爷那里一住就是将近两个月。这两个月，我换得些自由的时间，可也产生了太多的惭愧与思念，每天早晨的六七点钟，不知是与宝宝的灵犀感应，还是我的思虑过度，我经常会在宝宝呼唤妈妈的叫声中醒来。虽然每天我都有无数个电话打给父亲，虽然每两个星期每隔十天半月我都会心急如焚地赶回去看她并与她度过两三天的周末时光，但是，每次与她分别，都是宝宝与我相对哭泣的情境。每次离开，爸爸都会说，放心快走吧，宝宝在我这里你就把心放到肚子里吧。

可是，我怎么能就这样放心呢？儿行千里母担忧，况且宝宝才只有两岁，这么一个小可怜儿，不是让她失去父亲就是失去母亲的亲自关怀与呵护，做为父母，每次认真想想都会无比内疚，但是又能奈之何？我得抓紧时间在京赚钱为她积攒生活费、学费以及那些无数莫名的赞助费。所有的这一切无奈与努力，都是希望未来能与宝宝更加从容地在一起啊。

　　一个月前，当宝宝度过了与我分离的那个伤心阶段后，我再度电话过去，姥爷试着让宝宝直接与我对话，那次她不再眼泪汪汪，平静多了，她开口的第一句便是"妈妈在北京上班，京京在姥爷家"，"听话吗，乖吗？"我问。"京京听话，听姥爷的话。"过了一会儿，她又说，"京京也要到北京去上学。"这句话，宝宝几乎是喊出来的。

　　听到这样的呼喊，这样一个小不点儿的愿望，作为母亲，我没有理由不想方设法达成她的小小愿望。

　　于是，我像得到圣旨那样开始在北京为她寻找幼儿园，甚至，连住在同一院子里的邻居们在楼下碰到时，他们也都会纷纷地问京京何时回到北京啊？我们都盼着她回来呢。一些上了年纪的有了孙子孙女的阿姨们也开帮忙关注附近幼儿园的信息，一见我就向我介绍新情况。终于有一天，一位每天接送孙子上下学的阿姨拿着一张刚刚开园不久的新幼儿园的招生宣传单说先过去考察考察吧。那个新园名字叫新天地艺术幼儿园，就在家附近，按照上面提示的园长电话预约，在一个周末的下午过去面谈，果然是新园，一切都是新的，而且园内已有100多名孩子，于是，很快安排妥当了。

　　然后，在我出差杭州回到北京的第一时间尽快回到故乡的城市从爸爸那里接回女儿，带着她去看那家幼儿园的园区、校舍、玩具教具等，看到园内的滑梯，宝宝马上加入了小朋友玩闹的队伍。

　　"喜欢这里吗？"在她玩够了之后，我拉着她问。"喜欢。"宝

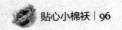

宝清脆地说。"想来这里和小朋友们一起上学吗？""想！"同样响亮的回答。

于是，赶紧按照园长的指示带宝宝到指定医院体检，之后拿着体检结果带好银子办好入园手续。

就这样，按照宝宝的期望，宝宝正式就读幼儿园了。

就这样，在北京开始了她的人生第一课堂。

2010年4月28日

贴心贴士

除了家庭，幼儿园是孩子最重要的依托和教育启蒙。所以，妈妈一定要提前花时间亲自为宝宝找幼儿园，多走走，多看看，只有比较才有鉴别。

人生第一课

　　京京终于在北京读幼儿园了，在她被我转战大江南北N次、与我骨肉亲情分离N次、无数次在电话里眼泪汪汪地喃喃私语般央求"京京要到北京去上学，京京要到北京去上学"的那些时段里，她的这个小小愿望一直折磨着我、困扰着我，同时也羞愧着我，作为母亲，我再也没有理由不去达成她这个不断重复着的愿望。

　　该让她在哪里开始她的人生第一课呢？父亲不止一次地建议让宝宝在北方老家的幼儿园就读，这样他们祖孙两个人可以在未来几年的时间共享天伦，但是思来想去，父亲已经完成了他生儿育女的人生使命，我没有理由把自己的使命再次强加到越来越年迈的老人身上。况且，我常居北京，安排宝宝在北京就读也是天经地义之事。

　　于是从今年春天开始，就开始对附近地区的幼儿园明察暗访，再加上友好睦邻的善意推荐，每天接送孙子上下学的热心大妈甚至把宣传单送到我手上，说刚在我们家附近发现一座新开设的艺术幼儿园，然后谆谆地补充："丫头你亲自过去看看吧，那个新开的园挺好的，正在招生呢，如果可以，把宝宝接到自己身边来，别再让孩子与你分开了"。身边多位同学好友也都纷纷劝我这两年暂时把所谓的工作和事业先放放，孩子在五岁之前是最需要母亲的，好好陪着孩子跟她一起快乐成长吧，宝宝的成长一旦错过就会永远错过，等她长大了想再补这堂课都没有机会了。

是的，不能再等待，跑到那间新开办的园瞅瞅，再与园长聊聊，不过宝宝还不到正式入园的年龄，所以只能先读宝宝班，不过没关系，只要能进园什么条件都可以，之后，宝宝就被我从父亲那里接回北京，在回程的动车上我和两岁多的宝宝有一搭没一搭地聊着天。

"京京终于可以在北京上学了，想去吗？"

"想！"

"我们明天就去幼儿园上学，好不好？"

"好！"

宝宝坚定干脆的回答印证着我努力方向的正确，于是连夜带着宝宝又买回辆崭新的手推车，未来的每天，可以让她坐在漂亮的小车上在家与园之间来回往复。之后，又找出宝宝最漂亮的衣服为她穿上，权是当作她人生第一堂课的校服。

第一天送宝宝去幼儿园，园长从我的怀中抱过宝宝说："你快走！

忙去吧，否则她醒过味来会缠住你哭闹的。"但是，傍晚时分去接她，见到我时她的小嘴儿马上撇成八字型，眼圈儿也红了。

第二天送过去，当班主任接过她时她似乎回过味儿来了，流着泪朝着我伸着小胳膊要妈妈，班主任说别舍不得了，赶紧走吧，她看不到你就没事儿了。但是晚上接她时，她仍然委屈得眼泪汪汪。

接下来将近十天，每天早晨送过去，她都会或哭或泣或喊，总之是不想去幼儿园，即使去了接她回家的那一刹那也都会委屈得掉眼泪，园长说这样的过渡期大约会持续半个月时间。我知道，这半个月时间是宝宝离开家走向集体生活圈子的心理断奶期。

半月之后，宝宝回到家里开始哼唱她学到的新歌曲，还会自言自语地念她新学的歌谣，但是，很快她就生病感冒咳嗽打喷嚏，病了很长时间，吃了很多药，好两天，坏三天，总是不能彻底康复，也许幼儿园的宝宝太多，也许宝宝被送往幼儿园初期的委屈与不适应，也许北京的空气质量或者流感等诸多因素。又过了几日，生性好动的宝宝因为与另外一位新去的强悍男生抢玩具而被那个小哥哥咬了一口。当我接宝宝时，她的班主任撸起宝宝的袖子给我看那一圈儿红牙印子反复道歉，我认为小孩子之间打架没什么，所以就没有太在意。

可是，宝宝每天都会伸出她那被咬出血印的胳膊来给我看，每次我都会说没什么，过两天就好了。

三五天过去了，宝宝变得郁郁寡欢，感冒的症状也加重了甚至开始发烧。因为我一向相信宝宝身体底子很好，所以没有送医院，而是从药房开些小儿中药每天喝两包。但这期间，宝宝仍然时不时委屈地伸出她那受过伤的小胳膊。

一两日之后的某天下午，宝宝的班主任突然打电话过来说快来接京京回家，她发烧38度多了，中午吃的饭也都吐了。我一路飞奔地赶过去，发现宝宝变得蔫蔫的，小脸也愈发苍白。晚上我给她洗澡换衣服，她照样给我看她那只小胳膊说："小哥哥咬的。"

这个小可怜儿，这时我才知道宝宝这次生病的主要原因是来源于那个男生的伤害。我的心突然疼痛起来，然后严肃地对宝宝说："小哥哥咬你，你也可以咬他啊，你的小牙呢？"宝宝变得更加委屈，哭着说："京京不咬，京京不咬～～妈妈咬。"我被弱弱的宝宝激起了莫名的悲愤，大声地安抚着她："妈妈明天找那个小哥哥去，妈妈替你打他，咬他，踢他！"宝宝流着泪在我的怀里哼哼唧唧地撒着娇，可是，这天晚上，宝宝的体温突然上升到40度，把我吓坏了。

第二天一大早就抱着她去医院打针挂水，这样连续三四天，每当护士拿着针头刺进宝宝的肌肤，我的心都会像被钻进铁物般的疼痛。

刚刚走进幼儿园，宝宝就被上了如此严峻的一课，她才只有两岁多，就让她尝到了生活残酷的狰狞，幼弱的心灵所受到的伤害该有何等严重，正在牙牙学语的宝宝不会过多地表达她的不平与悲伤，只能用生病来证明。

那些意外的伤害，我们防不胜防，但是，我们可以防患于未然，宝宝的人生刚刚开始，而人生的某些不堪，不能让宝宝过早地面对与体验，为人父母，我们有责任让宝宝在爱的庇佑之下茁壮成长并且坚强、出色，不主动伤人但一定要学会正当防卫，而不仅仅让她学会背诵《三字经》《弟子规》、让她成为小小神童、让她才华横溢仪态万方，人之初，性本善，不受伤害才是人生的第一要义。

生活是一堂堂截然不同的课，宝宝的课程才刚刚开始，而我，需要陪着宝宝一起成长。

2010年6月1日

贴心贴士

幼儿园的小朋友之间也会发生矛盾和冲突，如果你的宝宝受到其他小朋友比较严重的欺负，即使你不在现场，也要在最短的时间内找老师就此事进行交流，以弥补小小心灵的创伤。

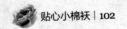

2岁7个月宝宝的书包，重了

自从宝宝上幼儿园拿到印着喜羊羊和美羊羊图案的书包，似乎她爱书包的程度远远超过了对于我的亲近，某些时候她见到类似的书包比见到我还亲。

每次逛商店卖场，看到类似的印着卡通图案的幼儿书包，她都会大呼小叫地跑过去，有时她还能叫得上图案上印着的卡通动物的名字，这个是喜羊羊，那个是灰太狼，这个是天线宝宝，那个是奥特曼，有的称谓，连我都没有听说过。

宝宝去幼儿园所带的书包，是她每天必带的行头，甚至是比穿什么衣服还要重要的大事，其实，那书包里装的，无非是她的备换备用的衣服。不过，这似乎就是她的百宝箱，每天她都要认真审查盘点书包里的东西，甚至还执拗地要求放这放那，若不按照她的期望去放，她就会生气得噘着小嘴儿甚至会哭天喊地。

从春天到初秋，几个月来，她的小书包虽然每天盛装的东西不少，但份量都很轻。可是，九月的第一天放学，当我从幼儿园接她回家来，拎下她的小书包时，我发现她的包包突然重了许多，倒出来一看，她的课本竟然有八九本之多，数学、语言、英语、美术、音乐等等，竟然也有厚厚的一摞。

课业越来越多了。我不禁惊叹，天啊，这么小的孩子！

不过，宝宝特别宝贝她的书包和她的书，除了觉得书包比妈妈亲之外，她的那些课本也比妈妈重要，每天睡觉前她一定要把课本从包包里拿出来放在枕头边，甚至抱着书本入睡。几乎每天早晨去幼儿园前她都要问一遍："我的书呢？"每天，我都得不厌其烦地回答"在这里呢，你看"，然后打开她的书包给她确认一遍。

比这个更讨厌的是，她从幼儿园放学后，还得拿出那些书温习，而且一定要我全陪，与她一起学习那些ABC，上下左右，123……还好，我没有上幼儿园的经历，这种陪着宝宝温习幼儿园课程的日子，也算是一种补课吧，让我重温婴幼儿和童年时代，与宝宝一起成长。

2010年10月10日

贴心贴士

与宝宝一起学习，会让自己的心情回归到童年时光。借此机会，逆生长啊。

2岁9个月，第一次纯正英语课

在清华大学某机构高就的朋友辞职了，说是与朋友一起合作开办了所外语学校，我有些惊诧，还未来得及询问，对方就说："周末你有时间吧？如有时间，就请你来参加我们的开幕仪式。你这个笔杆子可以帮我们写写稿子，带上小豆。"我说小豆明天周六还得上幼儿园，她的课业很忙的，刚刚幼儿园小班就得上九门课，数学、语言、音乐、美术、游戏，等等，总之，她的书包很沉很沉呢。朋友笑着说一定要为她减负，但是你得来啊。

老朋友相邀，没有说不去的道理，于是欣然前往，在周末的上午。结果，到了现场才发现这是针对幼儿的或是婴幼儿的外语培训学校。"悠久牛津英语"，一位头发全白的年长的美国老先生正在发言，旁边站着的是位美女同声翻译。拿了几份门口的宣传资料，看了看，甚至有些不以为然，因为在北京这种针对幼儿的外语培训机构多如牛毛，他们又在新辟新办，还有多少市场前景呢？能否成为行业中的老大呢？如果不能，涉足小孩子的行业，又何用之有？况且，这位多年的朋友，还未婚，未育，我有些为她担心。

"明天还有DEMO课，带着宝宝一起来听听吧？呃，她还不到3岁吧，不过，没关系，来了再说，挺好玩的，她一定喜欢。"朋友在发布会结束后带着我参观了教室、活动室、办公室，进一步邀约着。

第二天早晨，我没有刻意叫宝宝早些起床，想让她睡到自然醒，平时，为了拼命地赶幼儿园早餐时间和我的上班时间，只要我醒来收拾停当就马上喊她起床，甚至她还没醒就在梦中给她换穿衣服，几乎每天，宝宝都是在梦里被我抱上了她那辆婴幼儿车，又匆匆地直奔幼儿园而去的。

看看窗外，已淅淅沥沥地下起雨，一场秋雨一场寒，肯定又要降温了。正想着，朋友电话问我："你们还来吗？下雨啦，肯定行动不方便啊。"我忙说："只要宝宝一醒，收拾好马上出发。"挂上电话，宝宝也睁开了眼，似乎她一直在半睡半醒地听着我的动静和电话，这个小间谍，机灵鬼儿，于是一边为她穿衣服一边说我们要到一个新幼儿园去看看好吗？

"好！"小豆痛快地回答。只要是出门儿，没有不好的，总之，她如果休息不上学，我们即使在家也是在房间里待不住的，她一定会大呼小叫地嚷嚷着要出去到户外玩。带着她学外语倒是个不错的安排。于是，穿衣戴帽带上伞就在雨中叫了辆TAXI出发了。真是好事多磨，没想到当天举办马拉松，我们的目的地，知春路和西土城全部交通管制，只要是东西向的车全部绕行，于是，我们这辆车就瘫痪在堵车族部落中。我看着时间，已是约好的10：00，可是，车流纹丝不动，我们这辆，不知何时可以突围，迟到了，老外的课堂，他们视准时为生命，这种境地叫我们情何以堪？电话过去，朋友未接，可能已经在课堂上。我只能恨恨地对司机讲，要见缝插针，见机行事，有空就钻，见我急，司机更急了。宝宝又吵着尿尿，在四环线上，我顾不了那么多，打开车门把着她尿，在雨中哗哗……真是幽默。

终于到了，路过前台，经过办公区，到了教室，她大模大样地东瞧瞧西看看兴奋地叫着："这是我的新幼儿园，我的！"然后又强调喊道："我的，你们都不许要！"引得老校长走过来与她招呼，朋友忙把宝宝刚才的话翻译给老人家听，老校长乐得跟什么似的。课堂已进行到一半，一位美国女老师和一位中文助教辅导在座孩子们，见到我们宝宝进来，赶紧找张桌椅安排她就位，又拿了张画着米字线条图的巨大纸张、一只扁平毛笔、几个水彩盒放到宝宝面前，这个环节是让孩子们学着画画儿，从填色开始，我先为小豆做了示范——用黄色描满了一个小三角区，然后就手把手地教她描第二个三角区，描了两三笔我就放手让她自己来，结果，还好，她竟然能够领会这个环节的意思，竟然也能描两个"米"字。

第二个环节的课程是给每位宝宝发一片切片面包，然后教宝宝们在面包片上涂上食用颜色，边涂色老师边询问每个宝宝他正在涂的是什么颜色，"what color，green？ Yellow？ Blue？"我家的宝宝连发音都没完全学会呢，更不要说英语发音。不过，可以一起学嘛，尤其是那个"blue"，她总是说成"不如"，反复纠正了几次，终于靠点儿谱了。

面包片儿涂色完成，然后外教一一地为孩子们在微型烤箱内烘烤成半焦微黄状，取出来让孩子们吃掉他们自己亲手完工的"作品"。

参加DEMO课的孩子们一一离去，只有宝宝还赖着不走，因为那间教室是个有着室内木梯的跃层，自从她今年到杭州某位朋友家跃层住过一晚他们家上下两层的儿童木床之后，见到梯子就想爬，这次依然如此，只得尾随着她爬楼。二层是儿童活动区，玻璃地面上铺着灰色地毯，散着些五颜六色的靠垫儿，落地窗外是飘洒着的小雨，雨中是铺着软毯的儿童天地。

小豆在这间双层教室里爬上爬下，翻箱倒柜的找玩具，几乎把各种玩具都捣腾出来了，有一种玩具是仿制厨房刀具和蔬菜的塑料玩具，这小家伙就按着我做饭烧菜的样子，在板上切胡萝卜，其实，那胡萝卜是已被做成具有磁性吸引力的一段一段，用木制刀一"切"就自动断开，嘻，小孩子的东西，真是有趣。

这次DEMO课，只参加了半场，但仍然很圆满，小家伙还如此拖堂，最后不忍离去。不过，带着她参加了有老外教学、有室内楼梯的外语学校的课，就像捅了马蜂窝般，每天一睁开眼睛就是与她的战争，因为最近几日她不想去她那家"新天地"了，每天早晨从睁开眼

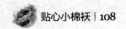

睛就开始哭闹着要去她的新幼儿园："我要去我的新幼儿园，不去那里的老幼园！"无论我如何哄如何劝都无济于事，一路大声哭叫，惊天动地般，引得路人频频侧目回头。

天啊，这家幼儿园也是今年刚开的啊，两岁多的小豆豆竟如此见异思迁，顾此失彼，喜新厌旧。

长大了该怎么得了。

不过，我家小豆如此迷恋朋友那间外语学校，可见，前景不错哦，先祝福他们，下周末还带小豆参加他们家的万圣节活动，期待化妆舞会鬼故事，精彩继续进行时。

2010年10月27日

贴心贴士

　　如果有可能，让孩子早点接触外国人，让他们早早地明白，世界上还有其他很多种语言。

聚散悲欢，幼儿园门口的哭声

聚散，悲欢。

每天都在上演，在我和宝宝之间，在每天早晨送她到幼儿园门口那段特殊时间。

不知为什么，这段时间她总是不情愿去幼儿园了，早晨一睁开眼睛就开始絮絮叨叨地半恳求半警示我说"我不要去幼儿园，我不要去幼儿园"。

但是，我还得，不得不，必须，把她从温热的被窝里抓出来，有时甚至还未来得及等她睁开眼睛，就火急火燎地给她穿上衣服。因为，我也得赶时间啊，上午是工作和创意的黄金时光，也是外出应酬约见谈判的钻石时间段，但这个小家伙早晨起来的一系列"行头工作"及送至幼儿园的一去一回之间，就得占去我将近两个小时。况且，北京的时间那么"贵"，所以，每天早晨，在时间和速度方面，都得面临我和宝宝之间的一场场对峙和战争。如果她不高兴，我给她穿上，她会脱下来，再穿上，再脱。直到，或者被我劝服，或者在我的威逼利诱之下才配合。

可能是最近她的班主任换得频繁，或者班上来了合不来的小朋友，或者已对那里产生视觉疲劳没有了新鲜感。总之，一路上，她总是边喝奶边抽空说"我不去幼儿园"。我总是假装听不见，足下却加快了脚步。有时，她看我不太在意她的请求，就大哭大叫引得路人频频侧目。

我不得不边走路边大声哄着，我们不去那个幼儿园，我们去还门口那个老爷爷的钱，因为幼儿园东邻正好是家饭店，每天早晨会有早餐，我经常在送完宝宝于回程的顺路在那里取些小笼包或油饼之类，边走边吃。连这个过程我也得向宝宝讲述交待，让她理解妈妈的时间真的很紧张、很有限、很珍贵。

她偶尔会似懂非懂地表示支持，反对去幼儿园的呼声可以降下来，但是，这个方法用过之后却不再奏效，目前，我唯一能做的是加快步伐以缩短她在路上哭喊的时间。不过，看来，我也要认真调查分析下她最近为何反感上学了，此前，她都是主动说去幼儿园的，一度，甚至非常喜欢。可能是我比别的孩子家长更多地展示了外面的世界，比如经常带她外出，甚至去办公室，参加谈判午餐晚餐甚至下午茶，甚至带她一起到小剧场看话剧，更不要说她曾经玩过的种种游戏，把弄过的种种玩具，甚至前两天我还带她到了电动玩具城让她试着开电动的"跨子"摩托车和F1式的赛车，这对于一个两岁多的孩子来说是个巨大的挑战，但是，我要她尝试，而且要趁早。所以，她肯定比那个幼儿园的孩子具有了更加宽广的眼界、视野与体验，而这也许，正好筑就了她与我讨价还价的双刃剑。当她只有一种眼界一种选择时，就绝对不会讨价还价。但是，我不能那么做，我宁可让她在选择之间哭喊，也不能让她成为一个孤陋寡闻的孩子。

如此这般，经过每天早晨这种的战争，下午她就盼望着我能早点接她，在幼儿园那扇铁艺通透的大门外，远远地看着她被老师从教室拉着背着小书包飞跑出来，像个张着翅膀的天使般扑向我，每逢这样的时刻，我都会非常感动。因为经过一天的别离，重逢，无论对宝宝还是对我，都是一次次惊喜，每一个黄昏之际，都在凝结着不变的盼望和提醒：

她是我的孩子，我是她的母亲，她一生的监护人与守护神。

2010年10月29日

贴心贴士

不能因为客观原因随便允许宝宝不上学。

妙去处！肯德基的滑梯

果然，正如坊间大家相互传言的那般，三岁的孩子就已开始发表独立意见，开始不断地叨叨人要这要那了。而这个阶段，我家这个活宝，似乎来得更早些，两岁多，我就被她那些无数的新鲜要求弄得晕头涨脑。

而且，她的态度每次都非常坚决，语气都很强硬，只要看准某个玩具、某个娱乐游玩的方式、某种她爱吃的美味，她就马上喊："我要，我就要，我现在就要！"

而且，她还经常朝令夕改，刚说好了要这个去哪里，待我心急火燎地搞到或者抱着她拉着她并把她放到童车里推着她赶到，她经常会说"我不要这个了"、"我不要在这里了"、"我要那个"、"我又要去那里。"

除了新地天幼儿园，最近刚刚开业的悠久牛津英语，马路对面的商城，都是她经常光顾的地方，在那里工作的叔叔阿姨常此以往也都成为她经常打招呼的朋友。

如此之多的去处选择，天天摸爬滚打，我是找不到北的，不仅找不到北，连时间都找不到，我的工作时间、创业时间、我的那些雄心计划和那些曾经热血沸腾酝酿过的项目，都被这个小家伙无休无止的纠缠给消磨殆尽啦。家里的sherry大姐说，谁让你是她的母亲呢，母亲是世界上最伟大最无私的，在孩子面前，世界再怎么变化都不再重要，除了她，她会成就你的。

是啊，很多"狐朋狗友"都劝我这两年宁可放下公司、放下工作，也要陪着宝宝一起成长，幸运的是，我边带着她、陪着她，还可以边工作，连我自己都觉得自己伟大。早晨把她送到幼儿园交给保育老师，傍晚当我站在幼儿园门口看着她被老师带出教室看着她飞跑着扑到我的怀里说"妈妈我想你了"，相同的一幕幕积淀着亲子深情。然后，她上了她的小车车，在回家的路上，她就开始提那些贼呼呼的小要求，比如吃什么到哪里玩，尽管周围方圆数里的地带都已玩过，可她也要照玩不误，每天晚上不到九点是不会回家的，而我，下午六点至晚上九点这段时间，也就被白花花地玩掉了。死拉活拽地回到家里，换衣服鞋袜，洗手洗脸洗澡，吃零食，在床上蹦一会儿，之后喝奶呼呼。等她进入梦乡睡踏实了，这样的时刻，经常是已近午夜，我再悄悄起床打开电脑笔耕。

　　终于有一天，带着她去吃肯德基，她一眼就发现那里有儿童活动区，其实就是一部滑梯，正好有两个孩子正在那里爬上爬下，她马上就加入其中，脱掉鞋子，踏上台阶，转动滑梯顶部的方向舵盘，转动着架在那里的望远镜照来照去地找妈妈："妈妈，妈妈在哪里呢？"玩够了就顺着滑梯滑下来，再爬上去，再滑下来，乐此不疲。与她同玩的两个小姐姐是一对双胞胎，长得一模一样，她们的父母与我一样，边吃东西边看着两个孩子，我们开始了关于抚育孩子的话题聊天，比如在哪里上幼儿园，每月的成本支出等。我看着玩在一起的这三个孩子，欢声笑语一片和谐。

　　养育一对双胞胎，每月消耗掉的成本最基础是一万元，还不算房子费用，那位衣着简朴的母亲说："自从有了孩子之后，我们的收入基本都用于消费了，幼儿园费、生活费、保姆费等各种各样的费用。"

　　可怜天下父母心，作为我这样几乎单身的母亲，在北京这样一座超过了美国纽约消费水平的国际一线城市，就变成了过路财神，收入可能不菲，但是分流速度比进账还快得多。我深知，只斤斤地算计成本是无济于事的，节流固然不可或缺，但更重要的是开源，我需要搞定宝宝，边安抚好她边工作，一举双得。业余时间的安排，决定了并正在决定着一个人的成色，我不能因为带着宝宝而荒废掉我的那些闪着光泽的梦想。肯德基，就是这样一个可以兼得的地方，解决吃饭问题，解决宝宝玩的问题，还能解决工作问题，因为可以无线上网。而且，洗手间就在不远处，大大方便了宝宝。

这个业余去处和玩处，真不赖。

2010年11月2日

贴心贴士

　　家长们，好好利用家门口的免费儿童娱乐资源，那些地方也很好玩，比如肯德基的儿童娱乐区、小区内的健身运动器材、家门口不远处的街心公园等等。

40℃，又发烧了

京京又发烧了，甚至在后半夜烧到了40℃，前天当我加完班回到床上挨着她躺下，就觉得她的脸庞和胳膊特别烫。

当时想，或许，可能房间内与户外的温度落差导致她有些不适，过两天就会好了，况且，她白天玩得很疯很欢，如果真病了就不可能那么欢实。

结果，第二天下午，幼儿园的电话就追了过来说京京发烧到38.5℃并建议我马上把她接走。当时我还在办公室里忙碌，只得草草收兵往幼儿园拼命狂赶。忙乱之时什么事情都来了，当晚还有个应酬。

只好从幼儿园推着京京再赶到那家饭店，朋友已经在那里等候多时了，见我推着童车过来，她连忙与京京打招呼："几岁啦？"

这次，京京没有以前的乖巧，只是冷冷地看着那位阿姨，她的小脸还瑟缩在她那件厚厚的黑白豹纹时尚棉外套的帽子里，那帽子的边上有一圈长而且密的狐狸毛，愈发显得她的脸小且苍白，眼神冷淡。

"哟，怎么看起来不高兴啊？像个高傲的小公主啊。"朋友摸着她的帽沿儿说道。我忙说："京京快问阿姨好，阿姨还给你买过一套很漂亮的衣服呢，忘记啦？你还穿了很久了呢。"

这才轻轻地说了句阿姨好。我忙解释说京京正在发烧呢。朋友又给了她这次的见面礼，一个大大毛绒流氓兔，她抱在怀里，勉强露出些笑容。我观察着孩子的表情与待人接物的态度，与以前的主动和活跃大相径庭。

那顿时饭局也就草草地结束了，我和京京都食不甘味，饭后在药店买了些消炎类药物回家每样各给她吃了规定的剂量。晚上，在同样的后半夜的那个时段，又如前一天那样开始发热了，找出体温计一量，39.5℃，我被这个数字吓了一跳，忙找出降烧滴剂给她灌了4毫升下去。我守在她边上，不敢睡去，也无法入眠，心中忐忑不安。

但是，次日，我还得把她送到幼儿园，因为手上的工作日程正在倒计时，创业的计划行将启动，每个小时每一分钟都是价值，只好给她的书包里塞上各种药物，包括降烧的美林，匆匆地交待给班主任之后又匆匆地赶往办公室。

可是，中午时分，幼儿园再次打来电话，这次更加急迫："京京妈妈，孩子看着太难受了，快来啊！"只好，处理下手上的工作又朝幼儿园飞奔而去，接了她直奔医院。

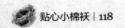

又是如几个月前的那个检查流程，望闻问切，抽血化验，等结果，开药，一个多小时，听诊完毕，医生质问我："孩子已经不仅仅是发烧感冒咳嗽，她的气管和肺部已有啰音了，这是哮喘，肺炎前兆！"内心深处自责着，是我耽误了她的治疗啊，可是，工作也得做啊，工作和孩子同样重要，放下工作，我拿什么如此高成本高标准地抚养她呢？

一个回合的治疗之后，当晚没有发烧，可是气管和肺部的啰音还很重，我的心也沉沉的，通宵未睡，胡乱地写着诗行码着文章，陪着她，看着她，有些无助，有些神伤，有些凄凉，恨不能替女儿承担所有的痛与苦……

为人父母，不是简单的责任，还意味着时间，感情，资金，关爱，专注，全程……不养儿不知父母恩，宝宝才两岁十个月，可是，我深切地体会到当年的父母，尤其是母亲，是如何的含辛茹苦。

2010年11月19日

贴心贴士

宝宝不舒服时不要心存侥幸，即使是头疼脑热、即使是普通感冒，也最好带着孩子到医院的儿童科及时治疗，非到万不得已，不要用家里存储的备用药品来凑合，用药一定要谨遵医嘱。

输液，点点滴滴的城市辗转

已是打过三天点滴了，前两次在北京，第三次在我的故里石家庄市。

周末携父带女从京城回老家，因为周末一些繁杂的事务性工作导致出发时已是下午三四点钟，打上车直奔西客站，没想到一进入中关村大街，我们就陷入了堵车的泥泞，半天无法动弹。宝宝还在生病，但又不得不在周末回老家陪父亲办事，听着宝宝喘气的罗音，再看着车窗外无数瘫痪的车辆，我心急如焚，甚至开始抱怨司机，为何不走另一条红灯少的路程。

抵达西站时已是暮色四合，用的时间跟去首都机场差不多，我恨恨地，怒火万丈地带着老老少少一行人下了车，买票，等候，进站。周末往来于京石两地之间的人无数，芸芸众生，没有座位，也能到餐车，列车工作人员看到我们又是老人又是孩子，就格外关照。

回到我那上周末刚刚住过也清扫过的小宅，这次不用大动干戈，放下行李就带着宝宝直奔社区医院。已是晚上十点多钟，看到我们敲门，对方说几点钟啦，我们九点钟就打烊下班了，你们去旁边的私人诊所看看吧，他们那里是最晚的。于是，再度出门。好歹，有大夫在，是位年长的老大姐，我拿出在北京上两次输液的医药单子请她按章拿药然后点滴即可。但是，对方说护士都下班了，没有人给孩子扎针，而她自己不专业，先给宝宝听下吧。于是拿出听诊器，望闻问切，依然是同样的结果，气管炎和肺炎。"明天一大早来吧。"大夫说。

晚上很晚才睡，宝宝换了个环境又兴奋起来，而我却很不踏实，几乎整夜难寐。

第二天清晨就带着宝宝到了那家私立医院，开门时发现又换了大夫，是位更年长的阿姨，她又听诊了一次，结果与昨晚无异，甚至，还有些严重。她严肃地说，要让她吃热的东西不能凉食，不能冻着，不能吃海鲜，不能吃油腻的食物和甜食，等等。稍稍更换了下药物，接着输液。

这一输就是两个小时。

爸爸在边上陪着我们，老人家见宝宝停止了扎针时的哭喊变得平静下来，就出去买早点，狗不理，突然想起宝宝不能吃油腻，就又转身买回两个素馅包。但是，小家伙不吃素，偏哭喊着要吃那荤食，怎么哄劝也不成，骂不得，打不得，气得我脸都青了，纠缠半天，最后为她冲了瓶热奶，把奶嘴儿放到她嘴里，这才安静下来。

结束之时已近中午，掀帘看外边的天气，北风卷地，父亲说今天至少是四五级的偏北风，他老人家又赶紧到附近的店里为宝宝买了只小口罩，粉色图案，宝宝异常喜欢，还以为是玩具呢。

打辆车回父亲家里，又与小妹见面，一切安排妥当，已是下午一点多，本来想到正定城里再看看兰子的"小屁孩儿"童装店，但是看着宝宝的状况，不得不取消这一计划，草草地打个电话就马上直奔火车站而去。一个票贩子见到我推着童车带着宝宝说"动车票没有了，我有你要么？只加三十元即可。"我想了想，市场的需求就是助长这些人的猖獗，于是断然去排队买票，果真，根本就没有最近的动车票，只好以一张过路车票将就。16：22开车，时间尚早，风依然很大，只好带着她到了候车室的母子室，她轻车熟路地跳下车在儿童区的滑梯上滑下爬上，与几个年纪稍大的孩子一起玩了起来。

最近半年，我摸清了很多公众场所的儿童娱乐设施和无障碍设施，甚至，也因为她开始了以宝宝为由头、为中心的社会交往，结识了些之前根本无法结识的新朋友，甚至，开始更加关注城市的爱心设施和无障碍通路之类的社会话题。

晚点，列车抵达，又是无座，又是餐车，又是吃那些食不下咽的饭菜，当然这个过程又得到了几位陌生人的相助，他们帮着抬车，推车，逗宝宝玩，一切安排妥当，宝宝安睡了一路。

抵京时宝宝也醒了，排队打车，我忙乱地折叠童车、往车里放行

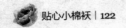

李、安放宝宝……旁边有位值勤的大叔说："姑娘别急，慌啥？这不都要到家了么？"

"到家了。"这样的暖心的话，在寒冬的夜里由这样一位陌生的老人家随口说出来，我心头和眼睛都禁不住一热，甚至悄悄地流下泪来。

2010年11月21日

贴心贴士

　　不要发愁带着孩子旅行找不到他们的玩乐之所，很多大型城市的火车站、机场都有儿童娱乐区，在候车候机的间歇时间，带着孩子们到那些地方尽情地玩吧。

蹲下来跟孩子说话

在全国所有的儿童类栏目中最炫、最热、最虐的莫过于那档《激情久久》了，这档由地方卫视策划产生的幼儿节目之所以火爆，不仅仅是因为它吸引着孩子们的眼球，更重要的是也吸引了大人们的关注，无论妇孺老幼统统喜欢并一直关注着。

这档火爆的节目成就了两个著名的主持人，一个是方琼，另一个是成诚。

方琼，已是屡屡客串并主持央视经典与新锐节目的高人气主播，虽然，她没有影视明星那么极度漂亮的脸蛋儿，但《激情久久》与其主持人方琼就火起来了。

何故？

方琼恰到好处地极具亲和力地与孩子们互动，没有扭捏作态之嫌。

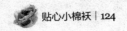

如果我们仔细观看并分析方琼的那些节目细节，我们不难发现一个共同的特点，就是她总是蹲下来甚至单腿点地地跪下来与孩子们说话。

当我发现栏目的这个细节时，甚至不由自主地流下了热泪，那时，我还没有自己的孩子，可是，那种情境竟然就真真切切地触动了我。

因为，生活中，蹲下来甚至跪下来与孩子说话的这种场景，只是偶尔出现，但不是经常，我们经常发现的是大人们弯下腰来与孩子们讲话。

弯下腰来，即使脸部与头部能与孩子们保持相等的水平线，但是，从儿童心理上而言，他们仍然会觉得大人们高高在上而且充满了暂时性，他们仍然会觉得那种平等会稍纵即逝，并产生不太信任和安全的直觉。而蹲下来，或者，跪下来，效果却完全不同，与孩子对话时，会马上赢得孩子们的信任与依恋。

回想下，你是不是也这样？你是不是总是用这种快速的偷工减料的动作来敷衍你的孩子？

这种表象的内心深处，是不愿花太多的时间在孩子们身上，不愿意换位思考地站到孩子们的位置上，这就是成年人以珍惜时间为理由和借口的自私。

每当我到幼儿园接送我的宝宝的时候，看到幼儿园的老师们蹲着或单腿跪地与我的孩子说话，我总是情不自禁地感动甚至感到自己眼光湿润地盈动。因为，直觉告诉我这些老师正在心无杂芜地、全身心地、100%地与我的孩子相处，他们在全心全意地陪护教育着孩子并适时与之互动，聆听他们的心声。

孩子们眼中的世界，肯定比成年人的范围要小要窄，因为他们的身高不够，孩子们的行动力与成年人相比也会弱势很多。作为成年人，每个人都会有这样的体验和感觉，一座有历史的老建筑，我们小时候会觉得它很高大，但现在看起来就相对矮小了很多，究其原因，是我们自己已经长大。

所以，我们不要在孩子们面前显示自己是强势群体，而要尽可能地把我们装扮成与孩子们同样的群体，降低我们自己的高度，降低我们说话的语速，柔和我们说话的态度。

与孩子说话时，请蹲下或跪下。

2010年11月26日

贴心贴士

跟孩子讲话的时候，一定要有目光交流，所以，蹲下来，让自己变得与孩子一样高，会营造平等的感觉和氛围，这对宝宝们很重要。

美羊羊，陪着妈妈去输液

终于，我也不得不到医院打针输液了。继宝宝肺炎哮喘医治痊愈之后。可能是看到宝宝生病急火攻心再加之无暇顾及自己的衣食冷暖，宝宝肺炎刚好，我就马上跟着病倒了，连续感冒了两周，浑身疼，尤其是左边头部。病痛严重地影响了我和宝宝的生活，包括我的正常工作，宝宝的小姨被我千里迢迢地从老家临时调到北京，她抵京的第一件事情就是改善我们的饮食。于是，当晚就包饺子，并请清华大学出版社张老师全家一起来凑热闹尽兴。

晚餐结束后，我的头部越发疼痛得严重，张老师说："你躺到床上，我为你按摩一下吧。"于是，边按摩边聊天。她说："看你的症状有些类似鼻窦炎，你明天赶紧到医院看医生，就到附近的二炮军医门诊吧，他们很专业，当年我也有过类似的病历。"

第二天下午，安排好工作匆匆跑去，但医院下午四点就停止挂号了。不得不悻悻而归，只是买了些药物。晚上服药之后，似乎稍有好转，于是马上与张老师再次沟通情况。她二话不说就劈头盖脸说了我一顿："乱吃药！先找专业医生面对面地检查！如果吃药能解决问题，全世界就不会有那么多鼻窦炎患者了。"

第二天是周末，依然把宝宝送到幼儿园。之后再跑到二炮门诊，挂号，看医生，验血，拍CT片。

CT片子出来后，那位医生直直地看着我，严肃地问："多久了？"

貌似异常严重。开药，输液，一输就是六次。当天晚上输完液去接宝宝回家，边走边问她："明天你陪着妈妈去医院输液好吗？"

"妈妈怎么啦？"她煞有介事地，像个大人似的问，从童车里回头看着我。

"妈妈有些不舒服。"我说。她听后眼圈马上就红了，接着眼泪就流了下来。

"妈妈不能不舒服～～"她带着哭腔。

我赶紧哄她："如果宝宝明天陪着妈妈去医院，妈妈就会好了。"

"妈妈输液会扑（哭）吗？"她又回头问。

"如果京京陪着妈妈去，妈妈就不哭，如果你不陪着去，妈妈就哭。"

"我陪着妈妈去～～"她又开始大叫了。

这样的对话，让我的心纠结着，我能感觉到她越来越关注我，越来越在意我了，在她的意识中，我是唯一可以守护她、可以给她安全感和依赖感的亲人，所以她担心着我黏着我并且黏得紧紧的，这让我更加不安和恐慌。

晚上临睡之前，宝宝还在念着明天京京要陪着妈妈去打针。

第二天，早早地，宝宝就醒了，主动要求去医院，还不停地说着"我不陪着妈妈去医院，妈妈打针会扑（哭）的"，她有些字发音还不准，把"哭"念成了"扑"。

啧啧，她已经有了责任意识。

周日的早晨，北京的气温很低很寒冷，我给她穿戴得厚厚的，黑白豹纹的防寒服，银色长靴，美羊羊的绒绒帽子，看起来既时尚又可爱，洋溢着都市小女孩子的娇气与贵气。宝宝坐在童车里，我推着她一起到了第二炮兵医院的输液室。"哟，来了一只美羊羊！"几个护士看着宝宝说，于是，她大模大样地又开始了她的演讲"我不陪着妈妈打针，妈妈会扑（哭）"，忙着准备调理药瓶子的两个护士美女被她逗乐了，整个输液大厅的人都对着宝宝微笑，纷纷冲着宝宝问这问那，"几岁啦？""两岁十个月。""在哪上幼儿园？""上地幼儿园"等等，很多问题，宝宝都回答得很自如，完全不像一个两岁多孩子的做派和情商。大家纷纷赞叹着、诧异着。

而我，看着有些早熟的、稚气的、可爱的宝宝，有些庆幸也有些心酸，也许，正是她跟着我在北京这个大都市过着来来去去的飘荡而快速的生活，见过大世面，经过大场面，有着优越的外表、丰富甚至有些曲折的辉煌履历，也历经着生活的种种不堪，她正如我的一个如影子随形的影，让她变得如此和普通人家的孩子不一样。

次日是周一，输液还得照旧，我们又起了个大早，匆忙地，我把她送到幼儿园后又赶往医院。护士们看到我，也不直接叫我登记在那里的姓名了，而是高喊"美羊羊的妈妈来了"！

一个小时的点滴时间，之后，又急急地赶到办公室开会。

我带着宝宝去打针。

宝宝陪着我去输液。

最近一个多月以来，似乎没有做比这些更重要的工作了。而我则像上足了发条的钟表，在偌大的京城和全国各地的城市之间狂奔，身体健康稍有问题，我就得以各种方式加倍补偿。

宝宝成长的过程以及我通向成功的过程，注定是一路花雨的，一路花雨一路诗，当我和宝宝从风雪里从花雨中走过，那些痛楚的过程和不堪的细节，都会弥足珍贵，如诗如画。而我陪着宝宝一起成长的种种故事情节，我都会记录下来、镌刻下来，等她长大之后，我想，这些博文和图片将是我留给宝宝的最为珍贵的礼物：生命的痕迹，成长的花语。

2010年12月14日

贴心贴士

高兴时一起度过，不舒服时也要一起度过。必要的时候，让孩子陪着你经历那些或痛苦或窘迫的时刻，这样会让孩子变得提前懂事，提前理解你，真正成为你的贴心小棉袄。

白雪公主，登大雅之堂

小家伙儿足登紫红色高筒雪地靴、身穿玫红色还珠格格样式的长款绸缎棉背心、外罩浅灰淡粉相间的羽绒服、头戴着洁白的顶部是美羊羊图案的绒绒棉帽子，在姥爷、阿皎阿姨的护佑之下陪着我主持在王府井书店举行的《中国策划家年鉴》的首发式和颁奖典礼，在北京最冷的隆冬季节里，她如同白雪公主，又如昭君出塞，甫一出场，这个小家伙就开始惹人注目了。

很多人对她侧目回望，甚至拿着相机对着她喀喀地拍照片，甚至她已经困倦得在童车上睡着，还是有不少人冲着她拍照。

在主持这场发布会的间隙，我见缝插针地跑到距签到处不远的父亲和宝宝休息等待的书店僻静的一隅，父亲高兴地向我描述着宝宝吸引人的盛况，她呼呼大睡，头歪在小车里，小模样让来参加本次发布会的嘉宾们频频关注。

父亲的感受我特别能理解，儿孙辈们健康快乐招人喜爱地成长状态让父亲大人颇感幸福和光彩。父亲半生坎坷，没想到在晚年已至之时能在北京陪着他的女儿和外孙女儿如此溢彩流光，并亲手照料我和宝宝的生活，这是一位行将七旬的老人的乐事。

对于我，育儿过程历经各种不堪也体味了"不养儿不知父母恩"的人间大义，这样的人生让我觉得痛并快乐着，人生至此，何足求他。

宝宝从小就跟随我在全国各地到处流连地生活，她一出生就开始乘坐飞机有了在天空翱翔的经历体验，有了坐着动车从北京到上海杭州的游历过程。甚至，在她只有六七个月大的时候，就跟着我堂而皇之地走进北京奥运会的比赛场馆，成为最小的奥运观众；在她两岁多的时候，她又乘飞机从北京飞抵上海到了世博园，并且游历了中国馆看了流动的《清明上河图》，还游走了很多国家馆，所到之处，备受志愿者们的特殊关照，甚至因为这个小家伙，我们还免费得到了一位陌生路人赠送的国家馆的入场券。

所以，宝宝在某种程度上是我的小福星。

这次她第二次跟随我出席大型活动。此前，我一直认为带上宝宝出席社会活动会有负面影响，但是事实证明正好相反，正因为宝宝的隆重出场，她又爱说、又爱唱、又爱跳的闹腾，反而赢得了组委会和工作人员更多的重点关注和爱护。上次的北大论坛，组委会的美女们

成了宝宝的保育员和指导老师，乖巧听话的宝宝也为这些美女们枯燥的流程接待工作增加了趣味和快乐，会议结束之时，宝宝的怀里多了很多礼物，各式各样的小东西，美羊羊水杯，果汁饮料等等。

宝宝的生日即将到来，再到腊八，她就三岁了。回首抚养她陪着她成长的这些日日夜夜，虽然辛苦但也甜美无比。从此，我懂得了感恩社会。

因为，只要我推上童车，就会感到全世界都在为我们让路，只要带上宝宝，所有人都会慷慨地送上无私的关爱。等宝宝长大，我会把她成长的故事讲给她听，让她更早更多地回报社会、回报曾经给予她无私之爱的大家。

2010年12月30日

贴心贴士

正如养育孩子一样，努力工作就一定会有成就，适时地让孩子分享你的成就，分享你成功的喜悦，甚至带孩子参加某些重要的活动，这些都是行胜于言的教育。

再次登台，参加新年演出

提前几天我就得到通知，要在2010年的最后一天参加宝宝幼儿园的新年演出，而且，早晨8：00之前必须到达，因为要化妆更衣，而且还要为宝宝带好指定颜色的园服。

幸好我不用到办公室处理公务，于是起了个大早，按照幼儿园的要求为宝宝装扮一新。因为北京当天气温零下十一摄氏度，我不得不里三层外三层地将她层层包裹起来，最后又围上围巾，戴好帽子，披上棉斗篷。在滴水成冰的巨寒天气里，宝宝被我打点得像只熊猫似的，圆滚滚的，浑身上下那个厚重啊，还未出门，她就在玄关处摔了一跤，而且，摔倒了还爬不起来，因为穿得太多太厚了。

但是，我不能因此就减少包裹她的衣物，全年度几次的感冒发烧哮喘肺炎等等让我心有余悸。我深知，每次宝宝生病，绝对不是宝宝的原因，都是因为我的疏忽。

启程了，我推着她走到岁末的寒风里，每经过一个十字路口都会有穿堂风呼啸而来，重重地拍在我们的脸上和身上，每到这样的街头关口我总是让宝宝低下头，反复提醒她不能把小手露在外面而是要揣在袖子里。我反复地跟她说着话，淡化她对这种恶劣天气的印象。

终于到了。演出大厅里已经汇集了很多家长，整整齐齐地坐在小椅子上排成几排，正面墙壁上贴着演出的主题"北京新天地双语艺术幼儿园新年演出"。我看着宝宝进教室、换衣服、吃早餐、再换衣服，不一会儿她身着一身明黄色童子装、头上还顶着个明黄色方巾，顶部打了个结，小脸红扑扑的，兴高采烈地冲着我跑来扑到我的怀里，我伸着大拇指夸奖道："真棒"！

演出在大班孩子们红红火火的舞蹈中开始了。宝宝的班级是小班，他们的节目是集体队列式背诵《三字经》和《弟子规》，而且，她是单独拿着话筒来背诵的。其演出水平比最近六一那次提高了很多，显得更大方、更专业，更训练有素。

在场的将近两百名家长纷纷拿着相机和录像机拍摄，幼儿园还请来了专门的录像工作人员，我也忙不迭地为宝宝抓拍。

演出一直持续到中午，之后，大部分家长都把孩子们接走了，因为我不擅长做饭，只好陪着宝宝在幼儿园用过午餐。这是我第一次全程陪着宝宝在幼儿园用餐，看着她小碗小碟里的东西，三菜一饭一汤，应当是营养餐了，而且，那些蔬菜和肉类都被切得细细小小的，以便孩子们幼小的肠胃消化。

午餐结束，带着宝宝回家，午睡。2010年最后一天，宝宝一直都和我在一起，我能感受到宝宝蹦蹦跳跳的成长过程和细节，不禁一次又一次地动容。

辞旧，迎新。

宝宝又长一岁。

未来的岁月，我还要陪着她一起成长，记录她每一次飞跃的精彩瞬间。

2011年1月1日

贴心贴士

再忙，也要抽时间去参加孩子的幼儿园或学校邀请家长们参加的活动。你的缺席，会让孩子倍感失落，你的出现，对孩子是另外意义上的鼓励。不可小觑。

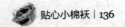

看电影、手工陶以及数字油画

元旦三天假期，天寒地冻锁住了我们外出和户外运动的脚步，甚至念想。而宝宝是不会老老实实地在家里跟我宅在的，宅不了几个小时她就一定会大喊大叫大闹着"出去走走，出去玩玩"，否则就会跳着脚地跟我玩命。

工作的奔波以及时不时的加班和社会活动，我是主张趁着假期好好地大睡一觉或躺在床上看书的，但是有宝宝后，这种在我单身一人时家常便饭般的生活，就成了一种难以实现的奢望。因为，这个不到三岁的小家伙，永远有她无穷无尽的各种各样的想法和愿望，刚帮她实现一个，她又来一个，达成了另一个，还有更多，如此往复，没有极限，在与这个家伙玩得团团转的"母女战争"里，我不得不宽容、妥协，否则，就意味着下一步将会更难收场。

　　这个假期，同样如此，但我也学会了"假公济私"和"顺便干点自己的事儿"，于是带着她去美容院，把她交给前台的两名小姐陪着一起玩，一玩就两个小时；带着她去汉拿山这样的韩国餐馆用餐，那里的服务生态度很好很周到，她们一身韩国民族服饰，长到可以曳地的桃红色长裙、明黄色短袄、高高挽起的发髻、艳丽的妆容，这些都是宝宝喜欢的，而且，那里几乎可以无止境地提供大麦茶、西瓜、小布丁冰淇淋，而后两者是宝宝的最爱，只要有这两样，宝宝可以在那里玩半天，顺便，再吃些烧烤和面食，朝鲜冷面，也是吾之最爱；另外，带着她到儿童益智娱乐区，那里有针对宝宝们的手工陶坊、数字油画；再就是不远处的钢琴城，给她架钢琴，她能叮叮咚咚地乱弹好几个小时；或者，带着她在成人娱乐城胡乱地在那些游戏机器上敲来敲去，或跟着"唯舞独尊"这样的游戏模仿秀般地跳，对这些玩意儿，她总是乐此不疲；此外还带着她去购物，到SHOPPING MALL里到处游走，只要不停下来，她就觉得开心。

　　两三天的时间里，这些几乎都玩了一遍，或者可以带着她走朋访友一下，于是给发小儿打电话，对方建议带着她的儿子和我的女儿一起看电影。

　　MGD，宝宝还不到三岁呢，能在电影院里老老实实看电影么？挂掉电话跟瞪着眼睛盯着我的小家伙儿商量，晚上我们跟阿姨和哥哥一起去看电影好吗？她马上懵懂地点头了，高兴不已。

　　电影开始了，有些黑色幽默般的搞笑，大家时不时跟着剧情大笑，宝宝也跟着笑得更响，还咿呀地点评呢，"看，他们的车车搞翻啦，哈哈，哈哈"，我有些难为情，我相信，几乎全场观众都能听到这个小不点儿的大声喊叫和笑声。更让我哭笑不得的是，她一坐下来就把奶瓶儿里的大麦茶一口气喝光了，而且还叫着"喝水，我要喝水！我就是要喝水"，一声比一声高，一句比一句语气强烈，就像命令般，邻座一位陌生的先生把他的饮料递了过来，我在黑暗中说声谢谢，往宝宝奶瓶里倒了几近一半。将近两瓶子水下肚，接下来她的要求是一次又一次地吵着"尿尿，尿尿，我要尿尿，我马上就要尿尿"，马上，我就得扯着她在光电闪烁中从居中的位置序列中挤出来，然后直奔洗手间。如此反复，数次。我能在剧场外听到观众们阵阵的笑声，但却不知他们为何而笑。

"让子弹飞"，就这样在宝宝百般的折腾中折腾完了，剧终。

"电影好看吗？"在大家更衣起身往外走的当儿，我问宝宝。

"好看。"宝宝认真地说，"我还要看电影。"

2011年1月4日

贴心贴士

世界很大，有很多的东西我们自己都没有见识过、体验过，所以，只要有机会，带上孩子一起去感知我们未曾接触未曾体验过的领域。与孩子一同学习、一同成长吧。

跟老外面对面学英语

为了向清华大学出版社张老师夫妇补课新年的饺子筵，下班前QQ他们到吾之府第共进晚餐，她问可以带个人么？谁啊？在他们家Home Stay的来自新西兰奥克兰的老外英语老师，目前在北京中关村某双语幼儿园任教。

我一听就乐了。

因为我家京京肯定高兴啊，这下，她可以再多一位老师，多一位玩伴儿，多一位朋友，而且是外国朋友，这可是她生平中第一个老外朋友。只要有人跟她一起玩儿她就很乖很听话，如果只剩下我们两个，她就会想方设法地刁难我，左也不是，右也不是。

"一会儿有位老外大哥哥来咱们家吃饭，你跟着他学英语好不好？"小家伙立马点头。

三位中外好友依次到来，奥克兰的那位帅哥老师，高高的个子，蓝蓝的眼睛，白皙的皮肤，这个异族人刚来的十几分钟，宝宝却羞涩地猫在一隅，时不时找到在厨房和客厅之间忙来忙去的我，扭扭捏捏。

我忙着给客人冲泡功夫茶，上水果，盛红薯粥，拌凉菜，煮水饺，奥克兰帅哥见到茶几上的柚子问是什么水果，他从未吃过这种东西。我赶紧打开，请他尝尝。

"味道怎么样？"

我们用英语问这位洋人，他用中文说好吃极了，他竟然也能说点中文，还能使用筷子。

一个晚餐的时间，京京就熟悉了面前这位洋哥哥的面相，熟悉了他的高大身材白皮肤和蓝眼睛，开始试着走近他，拿着她的那些狗狗兔子玩具们与他分享，这两个人，一个巨大一个巨小，一个咿咿呀呀比比划划地讲宝宝中文，一个嘀里咕噜地讲英语，竟然，也能玩到一起，还能交谈！我们都有些惊讶。

我在旁边旁敲侧击地问宝宝"苹果怎么说"，她马上回答"apple"，"绿色呢"，"green"，"黄色呢"，"也欧"（汉语的音还发不全呢，学英语呢）。洋老师哥哥笑了，然后，这一大一小开始一起又说又笑又闹了，用两种语言。

其实，这不是宝宝第一次面对外教，第一次是两个月前受朋友之约到悠久牛津学校参加幼儿英语学习，上课的主讲老师全部是外籍老师，中国老师作为助教，我发现外国老师非常有耐心，带着手偶的手势和肢体语言很丰富，虽然是用全英文面对四五岁的小朋友，但他们仿佛都能听懂，还能在课堂上互动。那个所谓的课堂，其实就是老外老师带着宝宝们用食用色在面包片上涂涂抹抹地涂鸦，之后再把涂好的面包片在mini烤箱里烤熟，吃掉，还可以与陪同的家长们一起分享。那两次学习，面对的都是来自英国的女老师。

宝宝真是幸福啊，两岁之时就开始与洋外教面对面地学习英语了，而我两岁之时在干什么呢？

看来，只要奥克兰洋哥哥还在北京张老师家，我们就得到那里与他们共进晚餐了，至少每周一次。

2011年1月5日

贴心贴士

不能低估孩子的能力，他们以最本真、最原始的姿态与人交往，往往会换来大人们意想不到的结果。

笑笑幼教集团

第四章 3—4岁

　　傍晚去幼儿园接宝宝，高高的铁艺通透镂花门里传来值班老师的喊声："京京，妈妈来接了！"

　　紧接着，京京就举着胳膊像只张着翅膀的小鸟儿似的从教室区的大门口跑过来，飞一般，直冲我而至，我忙喊："慢点、慢点，别摔跤。"

两条小棉裤

　　过完今年的腊八，即宝宝的农历三周岁生日没几天就是1月15日了，这是宝宝公历的大日子，除了仍然为她煮长寿面之外，还带着她穿越零下十二度的严寒到附近的商城为她再次添置新衣，作为新的礼物。

　　除了一条白底淡紫花棉质毛边儿小袄，又买了一条宝蓝色底白点点缀的新棉裤，因为，继上次买了那件同样款式的梅红色棉裤之后，我发现，只要穿上如此厚度的棉裤，一条即可，就可以既简单，又保暖。以前那样里三层外三层地套那么多，既不保暖，又很沉重，穿衣的程序又很复杂。唉，怎么没让我早点发现这么厚的小棉裤呢？

　　宝宝穿上它，外罩一件羽绒服，即可在北京的冬天里穿街过巷抵挡凛冽严寒了，回到家里，为她脱下外面的辎重，就可以穿着那条厚厚的但分量很轻的小棉裤坐在地板上任意玩耍任意翻滚了。真好。

因为此前没有单独的育儿经验，一切全凭直觉，所以，单独照顾宝宝的这一年，走了很多弯路，有了很多迂回，宝宝也为此吃了很多苦，不是穿多了，就是穿少了，不是伤风，就是感冒，不是吃药，就是输液，我也浪费了很多时间花去了很多的精力和财力，尤其是因为不懂得孩子的穿衣之道，买回了很多看似花里胡哨但其实并无多少实用价值的东西，其实那些小衣服，穿过一两次，就再也没有动过。每次与宝宝的小姨通电话，她都会说："我认为宝宝的小衣服真是太多了，花那么多钱为她买衣服也穿不了，不要乱扔啊，给我家留着，等我家的孙子孙女们出生的时候会派上大用场……"喔，她家的两个小伢儿都还在上学，甚至一个还在读小学，就想着为那两个小家伙娶妻生子当奶奶了。

这样的对话，每每都让我觉得时光如箭，仿佛我也马上可以当外婆似的。

在对宝宝成长这件事情上，除了我，宝宝的小姨是最有发言权的，因为，从宝宝在我肚子里还只有两三个月的时候，这位手足妹妹就背井离乡放下一家老小奔赴到北京，来到我的身边，直到宝宝长到一岁半，她才离开北京，但对宝宝的关照却从来没有间断过。去年冬天，她还亲自为宝宝穿针引线地做了一条棉袄、两条棉裤，那种款式，也是我们小时候穿过的。今年，我曾试着让宝宝再次穿上那条背带式棉裤，勉强把她套进去，她却只能在那厚厚的棉裤里弓着腰弯着背，同

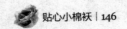

时冲着我大叫："这条铺铺（裤裤）太小了，京京长得太大了……"听着她如此大呼小叫，看着她弯在那条老式棉裤中的样子，我不禁哈哈大笑，马上把她从那条变小的棉裤中解放出来。

家中柜子里宝宝的不能再穿的衣服越来越多。只是那些个小鞋子，就可以开个小型的婴童鞋子博物馆了。

这两条小棉裤，明年会变成什么样子呢？还能盛得下宝宝吗？

2011年1月17日

贴心贴士

家里要留一些孩子的小衣服，偶尔翻出来看看，很贴心，很温暖，很意味深长。等孩子长大之后，再"秀"给他们看。

黑夜迷藏

虽然已经三周岁，可是宝宝晚上睡觉前还是一定要咬着奶嘴儿才能呼呼入睡，这是她快速进入美梦之乡的先决条件。

很多亲友悉知宝宝这个三年不改的习惯，都惊讶地说，几岁啦还喝奶啊？

是啊，君不见我家宝宝的身体素质，那叫一个"身体倍儿棒，吃吗吗香"啊。她的好胃口和大食量，在她那个幼儿园都是出了名的，好多次，傍晚去幼儿园接她回家，临走时保育老师交待："晚上回去千不要再给京京吃饭啦啊"。我口上答应得好好的，可是，到了家，京京该吃啥还吃啥，一丁点儿都不会少。譬如昨晚，她在幼儿园一日三餐两顿奶之后，晚餐前后又吃了两根小火腿肠、两块怡口莲巧克力、半小碗面条、半小碗红薯粥、十几粒炒花生、十几根江米条，之后，在我们看电视节目期间，我给她冲了一小瓶奶粉。

我心想吃了这么多加餐食物之后，她该如时呼呼了吧？

到了晚上十点多，我又给她冲了半瓶热奶，把她扔到被子里，关了灯，哼着儿歌哄她入睡。没想到，二十分钟过去，当那奶瓶空了的时候，在从窗户外照进来的迷离的灯光下我发现她的眼睛又忽地睁开了，随即，把奶瓶举到我的眼前，脆生生地说："妈妈，我还要喝一瓶奶……"

我深知，对她的要求，几乎是没有办法讨价还价的，越是拒绝她，她的要求越是强烈，到最后还得照着她当初的要求去做，面对这个执著的家伙，你怎么都不会绕过她的那些要求去的。

我只有乖乖地、悄悄地，摸着黑，下床，到厨房里，打开灯，打开速热电壶的开关为她加热开水。

她也像个影子似的"滋溜"一声下了床，尾随着我到了厨房。

她走到我身边时我已经冲好热奶，并且关了厨房的灯，嘴里说着："奶冲好喽，快跑到床上去！"

小家伙飞跑着由厨房经由门口的玄关跑向客厅，再经过客厅跑向卧室的门口。

我见她一蹦一跳地跑得飞快，索性就故意停下脚步，悄悄躲在玄关处一隅。

房里所有灯都关着，只有从窗户里映衬进来院子里和马路边的路灯，幽暗，昏黄，扑朔迷离。

小家伙发现我没有跟着她，就开始喊："妈妈！妈妈！"

　　我依然躲在那个角落里，默不做声。

　　"妈妈！妈妈！"，她的声音愈发大了一些。

　　我还不做声，看着她的反应。

　　她急了，带着哭腔，脚步匆匆地跑向卧室的门口，又从卧室的门口跑向洗手间的门口，"妈妈！妈妈！"，她终于开始放声大哭。

　　我再也忍不住，"妈妈没离开，在这里呢，"说着，我从角落里走出来。她仍然哭着"妈妈……"举着小胳膊央求着："妈妈抱抱，妈妈抱抱。"

　　在黑暗中，我抱起了她，走向卧室，把她轻轻地放到暖融融的被窝里。"妈妈跟你闹着玩的，我们在玩捉迷藏呢……"说着，把刚冲好的奶瓶放到她嘴边。"妈妈搂着我睡。"小家伙又提了要求。我用手轻轻地拍着她："京京早点睡吧，明天我们还得上幼儿园呢。"

　　折腾了半夜，闹腾了半天，再加如此一番惊吓，她似乎也累了，叼着奶嘴儿很快就呼吸均匀，但嘴里还咕噜着"妈妈……妈妈……"

　　宝宝睡了。

　　在北京冬天的深深的静夜中，我的心陷入隐隐的酸涩，幼小的孩子，初为人母的我是她唯一的如此重要的依靠，我一定一定要保重自己，让自己健康、快乐、成功，唯有如此，才可以陪伴着宝宝走下去，走下去……

　　于是，今天，正值行将过去的今年的最后一个农历十五，月圆的日子，再去雍和宫谨上梵香，我祈愿自己健康长寿，不为贪图现世的

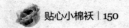

荣华富贵，只为能陪着女儿，足够长，足够久，足够远。

2011年1月18日

贴心贴士

　　我们应当经常祈祷自己长寿，努力做到健康长寿，不仅仅为了自己，而是为了陪着孩子走得更长久。

瞬间，失去

京京和我似乎又是在某一次长途跋涉的旅程中同时攀爬一座高山，那山看起来异常陡峭，她就穿着我今年秋末时为她提前买好的粉灰相间的羽绒服，在我的左手边，跟着我一起，爬啊，爬啊。

京京加油！

宝宝不动声色地跟着我往上爬。

边爬，我边时不时地看护着她，我们的脸上布满了汗水，眼看就要到山顶了，我对着她轻呼着"京京加油"，可等我擦擦汗再度回头看时，却不见了京京。

"宝宝，宝宝！"我大声地呼喊，撕心裂肺般，直到声嘶力竭。但是，还是不见京京的影子，我顺着我们爬上来的原路回望，脚下却是陌生的人群，都在纷纷攘攘地向上攀登，他们像没有听见我的呼喊那样，继续着他们的脚步。

我爬到顶点处稍平整些的山地上，想找到管理处的广播室让他们广播找人，但是，却怎么也找不到广播室在何处。我焦急地想，宝宝那么小，即使广播出来，她能听得懂吗？

我又焦急地回到爬上来的那段悬崖朝下面望去，看到的仍然是密密麻麻的人影，根本不见宝宝的踪迹，难道宝宝滑落了下去？滚到了这万丈深渊之中？会有谁捡到她？抱起她？喂养她？抚育她呢？我急得浑身汗湿，仍然扯着嗓子大喊："宝宝～～京京～～"

……

直到，直到我把自己从噩梦中喊醒，赶紧伸手摸摸身边的小胳膊小脸儿，小家伙还在酣睡，甚至可以听到她呼呼的声音，但我已是口干舌燥，觉得心脏咚咚得跳，起身下床，四处寻找，寻找那梦中的山峦，那来自另一个世界的悬崖，刚才的那揪心揪肺的一幕，似乎就发生在一两分钟之前。

自前天晚上的这个梦境之后，与宝宝相处，便又生生地多了一份相互依恋，甚至患难与共相濡以沫的缠绵和柔软，因为那梦境中的一次失去，让我更加深切地懂得了现实中的倍加珍惜和认真护佑，我不再因为她偶尔捣乱与不听话对她发火动怒，当她腻腻歪歪怎么也搞不定的时候，我会耐心地给她讲事实摆道理，直到她点头学着大人的模样拖着长尾音说"是呀～～"这几日，每次带她出去，总是竭尽全力满足她的那些小愿望，吃喝玩乐游，只要她提出要求，只要我能做到，一概满足。

　　人生短暂，缘分有限，那一场梦中虚惊，那一次瞬间的失去，让我对京京更加怜爱，对手中所拥所有倍加珍惜。

2011年1月24日

　贴心贴士

　　没有什么比血脉亲情更加珍贵。

我把雪打碎了

　　昨天早晨一睁开眼睛就觉得窗户有些白花花地晃眼，奔下床来趴到窗户上看，果然天地间早已洁白得无边无际。这是北京的首场雪，之于去年和今年，都是，当然也是宝宝有记忆以来首次在北京看到雪。

　　于是赶紧唤京京起床："下雪啦，下大雪啦，我们要踩着雪去幼儿园啦！"

　　宝宝懒洋洋地睁开眼睛，紧接着我把她抱到窗台上看窗外的雪景，马上，宝宝就清醒并且激动了。于是，我赶紧为她穿好衣服鞋帽，外罩一件长款羽绒服。然后，抱着她下楼，放到童车上，出门迤逦向幼儿园进发，踩着雪，咯吱咯吱。

　　雪厚厚的，至少是中雪，推车行走的速度快不了，路也很滑，童车变得有些不听我使唤，东摇西晃。终于到了，幼儿园的大门很高，老师们正在清扫门前雪，孩子们平日娱乐玩耍的院子里早有一个老师们堆起的雪人，耳朵、鼻子、眼睛都是用胡萝卜做的，雪人的头上还戴了一顶粉色的针织帽子。

宝宝冲着雪人跑过去说："我要跟雪人玩！"好不容易才被拉到教室方向的大厅中去更衣用早餐。

晚上接她去张老师家用餐，一路上，她指着马路牙子上的积雪不停地说"我要摸摸雪"，好几次，我不得不在她强烈的要求之下，停到她可以触手可及的积雪处，她从长长的羽绒服袖子里伸出小手划拉那冰冰的层层积雪，那些雪花雪粒很松很软，她袖子所及之处，雪层纷纷坠落。

宝宝高兴地大叫："我把雪打碎了～～"

宝宝真有一套，她竟然在调皮捣蛋的当儿，学会了一词多用，还用得让人忍俊不禁。

2011年2月11日 于北京

贴心贴士

对于宝宝而言，世界上的一切都很新鲜，作为妈妈，好好地陪着孩子一起玩最重要。

贴心小棉袄

傍晚去幼儿园接宝宝，高高的铁艺通透镂花门里传来值班老师的喊声："京京，妈妈来接了！"

紧接着，京京就举着胳膊像只张着翅膀的小鸟儿似的从教室区的大门口跑过来，飞一般，直冲我而至，我忙喊："慢点、慢点，别摔跤。"

每天这个时刻，几乎都是宝宝最为激动、最为盼望的时刻，也是最让我感动、最让我感到贴心温暖的时刻。老师提着京京的小书包跟在她后面，我边打开折叠车边问京京今天有没有听话。

"听话啦～～"京京拉着长调回答。

她的老师接着说，京京可乖巧了，特别知道心疼别人，如果有哪个小朋友不开心想妈妈了，她都会去抱抱人家，甚至，她还会用这样的方式去安慰老师呢。我惊异地说："哦？"

老师接着说："真的，这个小家伙特贴心，特别让人感动。前两天有个老师因为教学保育的细节闹了些情绪，其他老师谁去劝都没有用，然后大家就对京京说你去安慰下老师，京京马上就跑过去抱着老师、摸着老师的额头，甚至还做着给那位伤心的老师擦眼泪的动作，那位老师立马就破涕为笑了。这样的事情，别的小朋友都不敢去做，但是，京京就可以，而且，做得特别是那么回事儿。"

贴心。

用这个词来描述京京再合适不过了，贴心，再也没有人像我这样体会这个小人儿的可心之处，她仿佛天生就会察颜观色，给她一个眼神她就会心领神会。

心疼人。

这个小家伙真的很会疼人。前一阶段她很淘气很黏我，导致我的心情也极度不好，于是就有些不耐烦，时不时地会试探她，每当我脸色一沉说："你不听话妈妈会生气的。"然后就做生气状，她马上就会带着哭腔说："妈妈我听话，妈妈我听话。"去年夏天的某天，我用童车带着她乘地铁去南城参加一个活动，刚好乘扶梯下至地铁门口时地铁的门行将关闭，匆忙中进入车厢的时候胳膊被车门蹭了一下，她马上很关切地连喊了几声妈妈，眼里带着泪花儿，问："妈妈，你怎么啦？疼吗？"我的眼泪几乎快要落下来了，眼睛涩涩的。天啊，那时她才两岁多。

两岁多，她就懂得心疼我，她就疼我所疼，想我所想，急我所急。

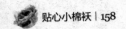
　　每当她表现得这样贴心、这样早熟、这样超级懂事的时候，我的心都会一阵阵地悸动，如此贴心，这不是一个两三岁的孩子应当做到的，可是，她却真的做到了。

　　人们说，女儿是父母的贴心小棉袄，看来，的确。

2011年2月25日

 贴心贴士

　　母亲的心和孩子的心，永远是连在一起的。

把自己锁到门里去了

　　如影随形的宝宝像个甩不掉的小累赘，我走到哪里都得带上她，甚至商业谈判都不例外，购物就更不用说了。几乎每次带着她出入大雅之堂，都会有不同版本的故事发生。这不，最近又闹了一出戏。

　　最近和闺蜜一起带着她逛街买时装，一间风格简约却透露着欧陆风情的店面吸引了我们。于是推着宝宝车进去，首先把奶瓶递给前台美女请她给宝宝冲好牛奶，占住她的小嘴巴，只要有奶瓶在手里，她就会安安静静的，然后我也得以偷一点闲，可以从容地在琳琳琅琅的衣服之间穿行浏览。据说那是个来自法国的品牌，基于对巴黎风格的喜欢，我痴迷地褪去一件又试另一件，忙不迭地在各种款型之间挑来选去。

　　没想到，趁着我和闺蜜在专卖店衣架间挑选衣服的当口，她钻到

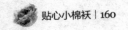

了试衣间里不停地倒腾门上的锁，结果，她把自己锁到门里了。

直到从试衣间里发出来尖利的哭叫声我们才发现，声音越来越大，甚至那扇门都被她砸得哐哐响。

售货员、闺蜜和我迅速跑到试衣间门口，大声喊"宝宝别哭宝宝别哭"，听到了我们的声音宝宝却哭得更加响了。闺蜜和售货员比我还着急，大家用最快的速度研究可以打开门的办法，上上下下，上面可以跳，但是门太高了，下面可以钻，但是缝隙太窄。一位售货员搬来凳子踩上去试了试，果真门太高爬不上去，另一位身材瘦小的美女说："我从下面钻进去试试。"说着就从前台跑过来趴到门下的空档位置，那个缝隙，看起来根本不可能容下一个人的身体，可那女孩子还是拼命地扭动身体往门里钻，头部几乎被卡在那里，只见她突然猛一用力，居然整个身体钻了进去。

门被打开了，宝宝哭得像个泪人儿般地扑到我的怀里："妈妈～～妈妈～～"

"没事儿，没事儿了，宝宝，这不是已经出来了么？"可是，她还是在我的怀里委曲得抽泣了一会儿才停止。说话间闺蜜又拉着宝宝回到试衣间，告诉她那个门插的具体用法，那个小金属条上有个圆圆的按钮，锁上后，只要轻轻一按，门就开了，试试？

门被锁上，宝宝打开，又锁上，宝宝在闺蜜阿姨的指导下再次打开，"懂了吧？知道方法了吧？"大家都冲着她乐，此时的宝宝才破涕为笑。闺蜜悄悄地对我耳语说，这种情况下你要教给她具体的方法，而不是单单把她解救出来就可以，否则，同样的错误，她还会重新犯，所以，在她碰到问题的时候就一定要适时地教给她解决问题的办法。朋友是家教问题专家，没想到这些事情她也有一套认真严肃的理论。

再为她冲一杯奶粉，安顿好宝宝，继续挑选美衣香裙。

购物时，趁着我们不注意，她又悄悄地跑到试衣间，把门锁上，然后打开，锁上，再打开。我的这个宝宝内心很倔犟，轻易不会服输，否则她不会跟那扇门如此较劲。

看着宝宝不断地重复这个动作，不禁深思，门，既是工具也是障碍，既是通路也是藩篱。宝宝还是宝宝的时候，面对不会打开的真实的门的时候，我可以帮助她解决问题打开通路，可是，她会不断长大，会有无数无形的门，成为阻碍她幸福成长的隐患。念及此，我的心又沉重起来，宝宝，我如何才能教会你打开一扇又一扇的门，有形的，无形的。真想让你拥有一把万能钥匙，以保证无论何时何地都可以进退自由，来去自如。

2011年3月17日

贴心贴士

没关系，尽可能多地让孩子多一些方方面面的体验。

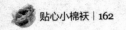

海洋馆、蹦蹦床、涂鸦画、钢琴课……

京京似乎转眼就长大了许多，变得乖巧懂事善解人意，当然，也变得更加贪玩。这个不算小的家里，似乎越来越盛不下她了，只要她"休息"不去幼儿园，她总会吵着出去，出去～～

只要出去，她就开心。

这两周，她去过的地方简直太多了，黄金周前她们幼儿园统一安排了北京海洋馆亲子游，还于附近华联三层的儿童游乐区、亲子早教区参加了各种活动。

京京的幼儿园对本次海洋馆亲子游活动组织得很周到很贴心，规模也很庞大，全园数百个宝宝再加上中小班的家长跟随，光大型BUS就动用了至少五六辆。京京坐在这样的大车里面很是兴奋，因为她知道又可以海阔天空地去玩了。到了海洋馆门口，各个小班级都被班主任号召起来"小手搭肩，拉小火车"。京京幼儿园的小朋友，是本次海洋馆门口我目力所及的最小的孩子，因为大部门观光客都是中小学生，幼儿园的小小朋友真属鲜见。

京京在北京海洋馆内都几乎玩疯掉了，虽然刚接近那些超大水族箱时她有些怕怕的，第一次被我抱到那些透明箱体的近在咫尺之处，与里面的鲨鱼、珊瑚、水母、海豚等各种水生动物亲密接触，她还恐慌得大喊大叫。经我稍加解释"它们都在玻璃箱里面不会跑出来"之后，才放心地畅快玩耍，并且主动要求为她拍照，这小家伙儿，也越来越爱臭美了。海洋馆游程最后一站的安排是观看海豚表演，每到海豚那些精彩动作之处，京京总能鼓掌叫好。才三岁的孩子，就知道如此配合，让我感动，窃喜。

接下来就是黄金周，京京陪着我到广渠门附近参加了故乡房地产公司的研讨会，席间也与该公司的某先生玩得不亦乐乎。次日，她爸爸从外地赶来看她，又在华联爱乐游疯玩一个下午。后来，她还提出来玩沙子，被我严厉拒绝。

最近一个周六的早晨，她睁开眼睛的第一件事情就是去玩蹦蹦床，即那个爱乐游项目。我深深地知道只要是她提出来的要求，要彻底拒绝是有一定难度的，想想也没有更好的安排，就简单吃了早餐，收拾好她的吃的喝的以及我的读本，直击对面华联三层的目的地。京京在这里早玩到轻车熟路了，还未等我刷卡，她就直接脱掉鞋子进去跑到蹦蹦床的最高处了。我趁机抽空坐在可以远观到她的沙发上看书，边读边用眼睛的余光看着她。这样，一直到傍晚时分，直到她玩得累极了，玩到满头大汗，才带着她到四层小肥羊吃晚餐。之后，又回去接着玩，又参观了玩沙子区域，最后到万霖钢琴城观摩钢琴课，直到整个华联打烊，小家伙儿才同意回家。

次日是周日，京京因为前一天玩得太累就起得晚了些，一直睡到八点钟才睁开眼睛，第一句话又是"妈妈我要玩蹦蹦床"。"好吧，"我顺着她说，帮她穿好衣服并收拾行囊。正忙着，她的爸爸打电话过来，我说"爸爸电话，"话音未落，小家伙儿就抢了手机放在自己耳边，我紧跟着她把手机的扩音模式打开。"今天是母亲节，跟妈妈说节日快乐，要听妈妈的话，不许耍赖，要给妈妈买花啊。"她爸爸在那边说，小家伙儿认真地边听边点头。电话讲完，我背上包拉上京京又出发了。据天气预报说有雨，转身又带了把雨伞。与前一天的流程类似，又是一天的疯玩。这个爱乐游项目，京京似乎总也玩不够，每当我说离开时，她都坚持说"不，还要玩。"还好，创艺宝贝有一小时的涂鸦体验项目，"那里比这里还好玩呢"，听到我这么说她才同意跟我出来直奔那间韩国模式的亲子早教中心，内容是让小朋友认识黑夜中的星空，并根据这个体验在墙上涂画星空，面对陌生的老师和小朋友，她马上就适应了环境并且很积极地与老师互动，在几个小朋友当中，她是最最活跃的。这个环节结束，又回到爱乐游，赖到傍晚时分，对于三岁多的京京而言，连续两天透支的体力活动使她疲倦至极。打道回府时，果然下雨了，而且是中雨，回头看看穿着裙装的大汗未退的宝宝，觉得只是这样打着伞回家母女肯定都会感冒。于是，又拉着京京折回到三层的迪士尼专柜，为她买了件粉红色白雪公主系列的雨披，漂亮的促销美女说，这是特别为中小学生和幼儿园的孩子们设计的，因为背部有专门隆起的放书包的空间，这件雨披，品牌和款式都很好，可以用两三年呢。一问价格，天哪，我从来都没有用过如此之贵的雨披。

为宝宝穿戴好雨披，我在前边走，她在后面跟，众人不断回头看这个穿着粉红白雪公主雨披的小不点儿。"真好玩儿，这么个小东西还穿雨衣呢。"走到小区门口，我看到她蔫蔫的，充满了困意，于是把她放到童车上坐好，然后一手推着车一手打着伞往家的方向迤逦而去。

直到晚上八点多，她才一觉醒来，第一句话就是"妈妈，我还没有给你买花呢，爸爸说让我买花给你"，她甚至越说越焦急了，我忙说："谢谢京京，看到么？今天下雨了，妈妈的花儿都被雨打湿了，明年再买给妈妈好吗？"

听我这样解释，京京才释然。

2011年5月10日

贴心贴士

其实，在宝宝的小小心灵里，也紧紧地系着对我们的牵挂。

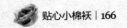

冰雪聪明，越来越贴心

原来，宝宝一直在讨好我！

三天端午小假期，得以与宝宝每天24小时全接触，发现宝宝越来越贴心了，这种突然的感觉让我感动，又让我觉得不安。感动的是她终可以和我惺惺相惜，不安的是她越是这样我越担心，怕外界任何的风吹草动和变化会对她敏感而幼弱的心造成伤害，如果是这样，我宁可让她继续没心没肺下去。

相爱太深，相伤亦深。

这种规律也适用于母女之间或父子之间，除了恋爱关系，亲情关系也是同样适用的，彼此之间的在乎和怜爱越多，相伤的机会就会越多，其间的关系就会越脆弱。

心领神会，哪怕是个眼神，宝宝都会对我特别理解，而且马上就会超水平地发挥，照着做，或者朝着我指点的方向努力尝试。每种结果，都让我喜出望外。比如，我说如果睡觉前喝了一杯奶还睡不着也不允许喝第二杯，否则会尿床，她马上就会顺着我的意思问："奶瓶儿呢？"待我把空奶瓶儿送给她，她马上就含到嘴里，叼着那只空奶瓶儿不一会儿就呼呼入睡了。今晚她又这样含着空瓶子睡去了，随着她呼吸越来越均匀，我反而觉得越来越不安，如此的乖巧，让我愈加惭愧。

爱做我喜欢的动作，也是她最近奉承我的表现。

六一儿童节幼儿园有文艺表演，她参加的舞蹈在所有节目中表现是最好的，而其中动作最标准最到位最可爱的就是我家京京，园长和班主任不止一次地表扬她，每次听到这样的表扬我的心里都美滋滋的。爱察颜观色的宝宝就以为我喜欢她跳舞，于是每天放学回家的第一件事就是找到她的玩具音乐盒，一曲曲地放，一支支地跳给我看，每跳完一支就等着我送给她一个大拇指，或者送给她一阵掌声。而今，儿童节的表演过去快十天了，她还乐此不疲，她一天天地这样坚持表演给我看，其最终的愿望就是看到我的笑脸，听到我的一句表扬，而已。

更让我心中隐隐作痛的是，三岁多的宝宝竟然开始替我们的家务操心了。

今天晚上我大洗最近两天的衣物，洗衣机最近半年每次脱水的时候总会有水溢出，导致洗手间到处湿湿的，每次我都会用拖布或者索性用抹布拭去地上的水。这次，我依然让洗衣机忙碌洗衣，而我在电脑上忙碌，像平时那样，沉浸在文字里。洗衣机第一次脱水时，宝宝跑过来说："妈妈，妈妈，洗衣机又要流水了，如果流出来水，楼下的叔叔就会上楼找我们说事儿了。"天啊，楼下的那位叔叔只上来过一次，还是几个月之前，宝宝那时就问："叔叔为何来我们家？"我说："我们家洗水机出来的水把叔叔家淹了，所以叔叔来找我们算账了。"于是，事隔百十天，她急火火地主动提醒我，天啊，这个小家伙儿开始挂念家里的大事小情了，没准儿再过三五个月，她就是个小当家了。其实，我更希望宝宝在她的童年时代极尽天真，而不是过度地懂事早熟。

在过去的一年半的时间里，独自养育宝宝的岁月让我无数次想把宝宝送给她的奶奶带，但是，看着、感受着宝宝日益的贴心，再加以她的天分与好学，每每有这样的想法，都会在瞬间停止。

我终于明白了，为何有人形容可人的孩子为心肝宝贝。

心肝，真的像自己的心和肝那样，息息相知相通啊。

2011年6月6日

贴心贴士

孩子很小，却已懂得替我们分忧。

天生的舞蹈家

　　早晨送京京去幼儿园，正值早操时间，操场与娱乐区已排了很多小朋友，京京依然很撒娇地赖着让我把她送到教室，进了教室，她让我帮她把书包放到更衣柜子里，这才肯出来与大家一起早操。

　　我目睹着她站到了队伍里，身体随着音乐有节奏地扭动，一位老师走到我面前滔滔不绝地夸着京京："她跳舞跳得可好了，昨天早操她站到全园队伍最前面领操了，前段时间表演节目她是跳舞跳得最好的。"

　　这一切都在我预料之中，这个小家伙具有天生的艺术才能与领袖风范，只是没想到她在幼儿园阶段就发挥得如此的酣畅淋漓。她不仅具有天生的好到极处的乐感，还有天生配着音乐节律的舞蹈动作，这个小家伙儿的一招一式还显得很幼稚，但每一举手每一投足都特别到位，标准到让人又疼又惜。

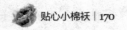

　　除了音乐感、舞蹈天分，"她还是个天生的演员。"她的老师这样评价。

　　每天下午六点钟左右我去接她，不是兴高采烈得如一只小鸟儿般地飞到我的怀里，就是脸上挂着泪花儿，那些泪花儿是被老师们逗出来的，只要老师们跟她开玩笑"妈妈今天不来接了"，她马上眼泪汩汩地涌出来，但只要有人说"妈妈马上来接了"，她马上又会破涕为笑。所以，每天傍晚，当幼儿园的老师见京京像只小动物般地高喊着扑到我的怀里时都会说："京京，你的妈妈就是你的宝。"

　　长时间由我单独抚养和陪伴，再加以对她稍显过度的宠爱，导致她对我有着过度的依恋，仿佛唯一的救命稻草一般。我知道，这种感觉对她来说其实是不健康不阳光的，所以，必须改变，让她有更多的时间与亲戚朋友在一起，有更多的机会参加适合于她的社会交往活动，以及让她有时间可以与她的爸爸、爷爷、奶奶在一起，其他亲人亲情的缺失，对她的成长并无太多益处。

　　想来想去，徘徊往复，每次打算把她送回去之时，我都会给自己徒增些伤感，都会自己悄悄地眼圈酸涩起来，江南夏天湿热、冬季阴冷的气候，幼儿园教学方法的迥异，隔辈老人带孩子的教育，尤其是她的语言表达、音乐舞蹈、外语学习，这些是否会对她有些负面的影响呢？在她适应了北京的生活和教育之后，在她适应了与我整日的摸爬滚打之后。

　　更为重要的是，京京的幼儿园，除了是艺术幼儿园，在音乐、绘画、舞蹈方面有特别的师资外，还是双语幼儿园，从宝宝班开始就有英语课，从小班开始就由外籍老师任教，甚至，京京还从老外那里学会了"Oh my god!"这样的句子，语气夸张到简直就是一个美国孩子。

北京如此种种的便利条件，让她在一个国际化的都市里迈出了人生最初的一步，如果在她三岁半之时转到江南小城，去接受那里的教育和生活方式，届时，我也不会如现在这样地全日制陪着她一起成长，这于她于我，会是何等撕心裂肺般的痛楚呢？

夜半思忖，不禁心伤。

贴心贴士

做个有心的母亲，善于发现孩子的天分。

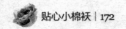

爱我你就抱抱我

最近两个月，每天早晨送京京去幼儿园安顿好离开时，她总是一把抱住我，突然莫名地哭哭啼啼。

边哭边说："妈妈下午第一个来接～～"

或者用哭红的眼睛囔囔着声音抬着头质问："妈妈几点钟来接？"每次面对这个问题，我总是会说："妈妈五点钟来接，第一个来接。"

事实上，基本我都是最后或是刚刚好六点钟抵达幼儿园，那个时间段，大部分的孩子早已被家长们接走了，只有京京和寥寥可数的几个孩子眼巴巴地等。而有时候，因为要出席某场地址很远的会议或者赴很遥远的约见，再加上交通晚高峰等诸多因素，有时赶到幼儿园时就已是晚上七八点甚至九点钟了。这样的时刻，宝宝已在幼儿园哭成了泪人。虽然这种状况很少发生，但这样的记忆不知为何却于最近这段时间反反复复在京京的小脑袋里被唤醒。

她的如此表现，让我想起了去年春天刚刚送她去幼儿园的那一个月的情形，每次送过去离开时，她都会哇哇地大哭，伸着小胳膊小手儿喊着"妈妈别走，妈妈别走。"

这样的情景深深地印在我脑海里，抹之不去，宝宝对我如此过度的依恋，让我的心一次次隐隐作痛，也一次次下定决心，无论生活工作如何变化，都不能减少对宝宝的陪伴与爱护。三五岁的幼嫩时光，在茫茫人生路上又有几何呢？不少同学朋友不止一次地劝我宁可失去一切，宁可不去工作，也要陪着孩子度过她人生的起步阶段。

万事不能齐美，在北京生活的几乎单亲的这种状态里，她没有爸爸、爷爷、奶奶的陪护，偶尔姥爷和小姨来京探望，但也只是短暂的小聚，导致宝宝把所有的安全感与幸福感都积压在我的身上，在她心目中世上只有妈妈好。从每天晚上接她从幼儿园回家的那一幕幕就能感知，她总是张着胳膊飞到我的怀里，缠着我，抱着我。

最近，京京学会了央视春晚那首儿歌《爱我你就抱抱我》，每天唱来唱去不厌其烦，一遍又一遍，甚至在家里她还屡屡地强迫我"妈妈抱抱"，我经常对她这样的呼喊不在乎，她就愈加大声"妈妈抱抱"，甚至开始用命令的口气。

每当这种情况下我就不情愿地抱抱她，心里总是想，该培养她独立生活的习惯了，尤其是每晚入睡前，她还要叼着奶嘴儿喝着奶入

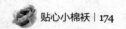

睡，而且要求我抱着她、拍着她，同时她紧紧地抓着我的耳朵、揉搓着我的胳膊，直到把我揉得百爪挠心般，她才肯入睡。

早晨送至幼儿园她还是照样缠着我大闹不止，直到前天，她们幼儿园某班的班主任终于看不下去了，等我安顿好京京，就把我拉到旁边说："京京这种情况其实是事出有因的，她在家庭里得到的关爱和父母肢体上的爱抚太少了，安全感不够才导致她现在的问题，她恐惧失去，总担心会失去妈妈，所以她才会这样无休无止地哭闹来引起你的关注，所以你和她爸一定要多抱抱她多陪陪她。"临别，送给我一篇她新近写的文章《观察日记》。

边走边读，其主要观点是现代都市人的工作生活压力巨大，家长们对孩子简单粗放，导致绝大多数的孩子缺乏来自爸爸妈妈的爱护和安全感，致使幼儿产生焦虑症，因为他们的安全感和幸福感不够啊。

为人父母，以放弃或牺牲孩子的幸福为代价而在工作上取得的成功，又有何意义可言呢？我要陪着京京，抱着她，牵着她，直到她能够心安理得地坦然面对一切。

贴心贴士

世上只有妈妈好，这是颠扑不破的真理和历久弥新的歌谣。

第五章 4—5岁

从幼儿园到家的路，步行时间是一刻钟，但是，如果与京京一起步行回家，至少需要半个小时。每天的这半个小时中，真的可以做很多事情。诸如可以让她温习在幼儿园学习的新课程，背诵当天学到的唐诗或《三字经》之类，有一首唐诗就是今年春天在路上背会的：

一去二三里，烟村四五家。亭台六七座，八九十枝花。

平仄有致的音律，抑扬顿挫的声调，甜甜的清脆的童声，随着我们迤逦而行的身影，平铺在那条放学路上，吸引着无数陌生路人的目光。

童年就是胡闹腾

　　为何，这个小家伙总是有那么多无休无止的要求呢？满足了一个，又滋生出另一个，真是供不应求啊。我脚不沾地地奔跑，都赶不上这个小家伙儿的新想法、新要求、新欲望，以及出其不意的新动作。

　　比如，大冬天里，外面飘着鹅毛大雪，她愣要去吃冰淇淋；大夏天里，偏要偷偷地翻箱倒柜地找出冬天穿的棉斗篷披在身上，跟昭君出塞似的，热到出汗时对在电脑面前忙碌的我大喊开空调。按照老人们的说法，这分明就是胡闹腾嘛。可是，闹剧每天都在上演不误，只要她还没有睡觉，只要她还在玩，就永远能玩出新花样，让我瞠目结舌，甚至不知所措。这些场面，这些问题，让我欲哭无泪，既觉得愤慨又觉得可笑。孩子的这些所作所为真让我悲喜交加，真的是打也不是，骂也不是，哭也不成，笑也不成。于是就想，现在的小孩子是不是都特别早熟，以至于他们的想法和要求，甚至比成年人还多得多。

家里的玩具早已堆积如山，为了容纳各种各样的花花绿绿的玩具，我不得不把房间北面的阳台腾出来，专门作为她的玩具储藏室，那里存放着她的积木桶、滑板车、白雪公主屋、芭比娃娃、水彩画笔套盒、写字板、喷水枪，还有各种气球和车模、中央电视台儿童频道前段时间热播的幻想连续剧《巴拉拉小魔仙》中各种人物的行头道具，诸如魔法棒、变身器、女王皇冠、蝴蝶造型的翅膀……此外，跟儿童影视剧相关的玩具还有变形金刚、机器猫、七星仔，以及到现在连我都叫不上名字的各种东西。这些都是小体积的，还不包括那些毛茸茸的大家伙，诸如迪士尼闪电狗、米老鼠、安娜兔、龙年吉祥龙、牛年吉祥牛，以及大熊小熊大狗小狗。

她的小衣服从来都是数量很多、款式很时尚，因为我本身多多少少就是个购物狂，再加上各种朋友的馈赠，导致她的衣物一点都不比我的少，夏天的裙子，冬天的棉衣羽绒服，还有各种小T恤、长短袖衫，数量多得数不过来，以致事到如今，她的衣服几乎占据了我衣橱的半壁江山。而且这个小家伙在穿衣方面有很多的想法，她甚至能琢磨出哪件上衣该配哪条裙子或裤子，甚至会凭着直觉把相同相似质地或风格的衣服搭配在一起。

有一次，她洗完澡光溜溜地坐在床边让我给她找衣服。忙乱之中，我随手给她拿了件牛仔短裙，又随手从她的衣橱里抽出一件雪纺长袖衫。紧接着就听到她愤怒地大叫："妈妈，这两件衣服是不能配在一起的！"

我听了大怒，小毛孩子敢跟我讲道理，于是我也喊道："怎么不能配在一起？妈妈不管了，你自己来！"

她光着屁股、气嘟嘟地翻找出一件黄色纯棉无袖T恤，然后与那件小牛仔裙上下比了比，义正词严地冲我说："这两个才可以搭配。"接着，又翻出一件纱质地的层层叠叠的芭蕾舞小裙与那件雪纺衫放在一起，像是示威，又如自言自语"这两件才是好朋友。"

我看着床上她配出的两套小衣服，瞠目结舌，无以反驳。因为，这个小家伙给出的搭配方案真的很妙，真的比我刚才搭配的更漂亮。在这个精灵般的女儿面前，我只好无语，她才四岁，就比我更有审美眼光。真是高啊！

从此，我知道我再也不能随便打发这个小家伙儿了，她有自己的主见，尤其是穿衣方案。

只有这些玩具和花花绿绿的衣服还是远远不够的，这样一个三五岁的小女孩，竟然发展到需要饰品的阶段，除了各式各样、各种质地与款式的发卡，竟然还拥有了好几条项链和手镯手链，而且，她还知道饰品的搭配法则。今年夏天，她的奶奶、婶婶及婶婶的儿子等一行人从南方来北京，全家人带着这些孩子们到清华游玩，在二校门清华牌坊处的纪念品小店买了些小玩意儿之后，京京突然拿起一个印有清华大学校徽图案的"心"形钥匙链并坚决地要我们给她买下来，当时我一看就生气了，你要这个钥匙链做啥？你又不拿家里的钥匙?!

结果，她比我还有道理，干脆地回答："我觉得这个可以做成项链！"顺着她的思路，我用研究的眼光再去看那个"心"型吊坠，果然是个天衣无缝、巧夺天工的项链吊坠啊，还泛着贵金属特有的华贵光泽。我只好乖乖地买单。回到家里，我把那串钥匙链的原链子去除下来，再用挂翡翠玉石的红绳帮她系起来，挂在她脖子上试戴，嗯，真是比翡翠珠玉还珠光宝气的项链啊！

比我有主见，比我有道理，以至于每次到超市购物我都不能忽视她的意见和要求，那些看似没有科学道理和依据的要求，有时候我也不得不遵照执行。比如，冬天她非要把冰淇淋装进购物车，为了赠送的一个小车模而多买一箱儿童牛奶，明知对小孩子成长不利的可口可乐也得在结账柜台处再拿两瓶，账台处的那些口香糖、泡泡糖、棒棒糖等都是结账时她顺手牵的"羊"。有时到MALL里购物，她会在成年人专柜里浏览可能会适合她的物品，今年春末夏初，她不失时机地为自己买了一副红色框架的太阳镜。

所以，我尽可能不带她去超市，也不去购物中心，而她知道每次直接提要求我都会大为光火，所以她学会了婉转，有时会变着花样地提醒我说："妈妈，如果我们今天去华联的话，我就让你去竹叶青喝茶。"她知道我极爱去那里喝茶。说话的同时，她还用黑白分明并有些浅蓝光泽的清澈的大眼睛看着我，半是征求意见，半是提醒，还带有一丝尾音是祈求。

这种状况之下，我还能说什么呢？只好说："准备，我们去购物。"

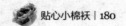

她马上就欢呼雀跃了："耶，耶！我们可以去购物了！"然后就去重复如上所云的那一幕幕。

有的时候，我也会向同事、同学或者邻居们抱怨京京的这些无理要求和狡猾，有位中学的发小就说："有什么嘛，小孩子嘛，就是要吃吃喝喝玩玩乐乐，就是要瞎折腾把家里搞得一团糟，如果一个小宝贝不吃零食、不喝饮料、不买冰淇淋、不穿花花绿绿的衣服、不跟你哭哭闹闹，那是童年么？那是老头老太太啊。"

工作特别繁忙的时候，压力特别巨大的时候，就感觉到养育个这样的孩子真是个天大的负担啊，就感觉到不耐烦。但是又有何办法呢？京京是我的女儿，我斗也斗不过，逃也逃不掉。

认账吧！

2010年9月13日 于北京

贴心贴士

如果忙，就放养，让孩子可劲儿地玩。

放学路上

我和京京在北京的家，就蜗居在北五环外鲜有的软件园和银行林立的金融区之间，从上地南口一直到G7高速入口的那条不宽不窄的路，就成了我们几年如一日、雷打不动风霜雨雪都不会改变的必经之路。

每天的早晨都是匆忙的，每天的傍晚都是缓慢的。

叫早，是每天早晨6点多钟的必修课，我先悄悄起来穿戴整齐，然后叫醒每每都在睡梦中的京京，给睡眼惺忪的小家伙穿戴好衣服鞋帽，就拉着她跌跌撞撞地下楼，把她抱到停放在一楼的那辆超大号童车里，然后车轮滚滚地推着她去幼儿园。所以，那辆童车，也成为京京每天早晨可以再睡个"回笼觉"的摇篮。

也许，正是因为我是个"夜猫子"，才导致她每天晚上都睡得那么晚，我加班码字写文案，她就在客厅或在另一个房间玩积木，或在纸上乱写乱画胡乱"涂鸦"，或用她的小电脑玩游戏，她最喜欢玩的游戏是《疯狂的小鸟》，那别具特色的鸟叫声"喂～～～～～"一直会从灯火通明持续到后半夜。所以，我和京京晚上的时光，是很长的。

但是可以跟晚间时光媲美的是京京的放学路上，放学路上的时光，是我和她交流最最充分的时间段。尽管因为每天早晨都要赶上班时间而一直坚持用童车推着送她上学，但是从她四周岁开始，我就尝试放学时和她一起走路回家。一方面，是考虑到她那胖嘟嘟的胳膊腿，真是该减减肥了；另一方面，是想让她通过跟我一起手拉手肩并肩地走路，可以像朋友之间那样平等而充分地交流。

刚开始，她那小小的身体走在车水马龙的路上很不适应，她也极不情愿，总是在半路上大叫"我要坐车我要坐车"，甚至有的时候会哭闹一番，每每此种状况发生后，我总是这样又哄又骗"京京长大了，京京要学会自己走路，要和妈妈平起平坐"，或者"你现在要自己走路，自己走路才能长得更高更快更聪明，你长高了要拉着妈妈走路哦"，这样的诱导总是有效的，她马上就会做出既可爱又乖巧又让我微微心痛的回应：

"我现在就拉着妈妈走路，我现在就要长大。"

到现在，有一首颇具江南水墨画意境的数字诗歌，她仍然倒背如流。这是宋代理学家邵康节的作品《山村咏怀》，但是对于一个三四岁的儿童而言，没有必要知道如此艰涩的题目吧？她小书包里的《语言文字》课本中，题目就被改成了《一去二三里》。难怪每次我要求背唐诗的时候，她就会说那我先背《一去二三里》吧，然后张圆了嘴巴先背那个所谓的题目"一去二三里"，然后再重复一遍。啧啧！管她呢，只要她背会内容就好。至今，我还能回忆起她那小课本里的插图画面，姹紫嫣红的春天里，草长莺飞，意境颇有些类似著名的国画"江南春晓"，画面上黑色的小点点是春天飞回的燕子，拖着长长的尖尖的尾巴飞翔在杨柳飞舞的天空。所以，这条放学的路，充满了诗情画意。

除了唐诗，《三字经》、《弟子规》也在步行回家的放学路上得到补习。惭愧地说，《弟子规》连我都背不过，可是在她背了很多当天所学的歌谣之后，我随口一下命令"京京再给妈妈背背《弟子规》"，她就像突然拧开了的自来水管，几乎是口吐莲花般地开始了：

弟子规，圣人训。首孝悌，次谨信。泛爱众，而亲仁。有余力，则学文。父母呼，应勿缓。父母命，行勿懒。父母教，须敬听。父母责，须顺承……

而今，随着这条不长不短的放学的路，追溯时光，记忆回到她上幼儿园的第一个冬天。那时京京才两岁多，那个冬天特别的冷，那时我接她放学回家的交通工具也是辆童车，我就用温习幼儿园功课，甚至教她一些更加复杂的诗歌来打发路上的时光。那时，她刚从宝宝班升到小班，幼儿园里的所谓的课程就是保育老师带着孩子们玩游戏，其实是学不到什么内容的，所以，我就在放学路上教给她些更加前端的诗词，甚至是英文单词和歌曲。北方的冬天，夜晚来得特别早，下午五点多钟就已经伸手不见五指了，昏黄的路灯发出的光把我们的影子拉得很长。那天，刚刚下过大雪，路上积雪很厚但行人稀少，踏在雪路上的脚步声咯吱咯吱分外的响，我用童车推着她回家，走这样的路其实是欲速而不达的，因为雪很厚，路变得很"软"，我只好慢下来，从车后叫她"京京"，穿得厚厚的像个小熊似的她扭过脸来，我说："今天下大雪了，天又黑，我们两个就学习一首关于星星的歌吧，名字叫《一闪一闪亮晶晶》。"她马上说好呀，我说："但是，这可是一首英文歌曲哦，很难的。"她马上就迎接挑战了："我要学，我要学！"

那个冬天的那条放学的路上，京京学会了她生平第一首英文歌曲，那时候她还不会几个英文单词，所以几乎每个句子每个单词的发音都需要认真来教，甚至要让坐在童车里的她拧过身来面对着我纠正口型，真正百分百的一对一教学：

Twinkle, twinkle, little star,

How I wonder what you are.

Up above the world so high,

Like a diamond in the sky.

When the blazing sun is gone,

When he nothing shines upon,

Then you show your little light.

Twinkle, twinkle, all the night,

Then the traveller in the dark,

Thanks you for your tiny spark,

He could not see which way to go,

If you did not twinkle so.

In the dark blue sky you keep,

And often through my curtains peep,

For you never shut your eye,

Till the sun is in the sky.

As your bright and tiny spark,

Lights the traveller in the dark.

Though I know not what you are,

Twinkle, twinkle, little star.

Twinkle, twinkle, little star.

How I wonder what you are.

Up above the world so high,

Like a diamond in the sky.

Twinkle, twinkle, little star,

How I wonder what you are.

How I wonder what you are.

傍晚的那条放学的路，因为北京罕见的低温和大雪铺路，而显得特别特别的漫长，漫长到回到家里的时候京京已然完全学会了甚至背过了那首英文歌。当我脱下厚厚的长款羽绒服之后，发现贴身穿的羊毛衫竟然已经被汗水湿透，只好脱下来放在暖气上烘烤。那个寒冬也让我患上了顽固的鼻窦炎，至今都未痊愈，只要阴天下雨或天气忽冷忽热就头痛难忍。而那首英文歌曲"星星"，京京直到现在都朗朗上口倒背如流。

连接着幼儿园和我们的家，京京这条放学的路，真可谓是一条亲子课程的体验路啊，只是过于漫长了些，从京京两岁直到现在行将五岁，我们走了将近三年时间。在这三年的时间里，在这条放学路上，我们的关系不仅仅止于母亲和女儿，既如同学，又像朋友，学习了很多新知识，背诵了很多篇唐诗宋词《三字经》《弟子规》《百家姓》，交换过无数次心得，她也提出了很多问题，几乎天天都有，面对无一例外的关键词"为什么"，我每次都假装生气地说："为什么为什么，真是个十万个为什么。"然后还得逐一解答，用她可以听得懂且喜欢听的方式。

也许，就因为这条可以用来学习的放学之路，京京学到了很多同班同年龄孩子们还没有来得及学习到的东西。比如，在她小班第二学期上三字经课程的时候，老师刚刚念了前两句，京京紧接着就背出了几十句，搞得老师尴尬得只好让她先站到前面来背诵一次。

对我而言，接京京回家的路上，利用这个时间段与京京互动学习、帮助她重温课业，也是我的"心灵鸡汤"般的回味，在她稚嫩的童音里，让我重温着江南风物，想象着春花秋月，沉吟着沧海桑田和人间的炎凉冷暖，这些蒙太奇般的一幅幅图画，在我的脑海中蔓延连缀成为人生的山水长卷。

2012年9月13日

贴心贴士

所以的曲折，都可以滋养我们，由此让我们身心获得成长。

磕掉的门牙

京京最让人眼热和关注的除了那张小模样小脸蛋儿，就是那一口整整齐齐、细细密密、洁白如玉的乳牙，一粒粒珠圆玉润地排列着。

谁知天公都羡慕嫉妒恨，最近她那整齐的门牙被磕断了一颗！硬生生地、血淋淋地，回忆当时的情景至今都心有余悸。

前不久的某个周末，应京城某房地产公司售楼小姐反反复复的电话短信邀请，我们决定长途跋涉去看那个名字很美的楼盘，地址就在燕郊。因为那段时间京京经常用家中的小凳子、泡沫地垫、毛巾等搭建"新家"，她一会儿叫那个"家"为"城堡"，一会儿又称它为"沙滩上的房子"，一会儿又说这个家在夏威夷，她要到夏威夷去度假。

这些不断从她小小的嘴里冒泡儿般出来的新名词、新要求搞得我面红耳赤、自惭形秽。作为她的妈妈，我想我没有理由不去分析她的要求、不去想方设法满足她那些千奇百怪的五彩斑斓的希望和梦想。所以第一步，就是先带着她去房地产公司的楼盘现场去看她想象中的房子，而我们所要去的这个楼盘就有类似于她手下魔方般的房子，还有被称为"大堡"的独栋别墅。

那个楼盘的具体位置在廊坊大厂回族自治县，因为路途有些遥远所以约了看房班车。据负责接待我们的售楼小姐说，那个周末还有河岸烧烤等系列活动，可以带着孩子凑凑热闹。我想，反正周末闲着也是闲着，怎么玩儿都是玩儿，还不如欣然前往。

的确，那是个七彩纷呈的颇具诱惑力的楼盘，现场各种促销活动的大幅彩色广告画让京京欢呼跳跃不止，因为上面有潮白河威尼斯水岸狂欢节、有《愤怒的小鸟》真人版、登陆潮白河等等鲜艳的图画，而且东南亚和欧陆风情的铁艺门、摇摇椅、太阳伞下的咖啡座都让她流恋忘返，每次都要我和售楼小姐把她死拉活拽地从上面拖走才罢休。

欣赏楼盘样板间的过程，我和售楼小姐侃谈价格谈户型，京京也不闲着，在"大堡"别墅楼上楼下地爬来爬去跑来跑去。谁知乐极生悲，正当她在别墅二层跑来跑去特别激动的时候，我们眼睁睁地看着她"叭"的一声摔倒了，嘴巴正好撞到主卧床前的木凳上。

"哇！"的一声惨叫，紧接着是撕心裂肺的大哭，等我们跑上去抱起她来时发现她满嘴都是血。看着这惊心动魄的一幕，我的心仿佛也在跟着往外滴血。

"我的牙！"京京惨烈地叫着，满嘴是鲜红的血，不断地"呼呼”往外冒。我手忙脚乱地翻出背包里所有的纸巾替她擦试，之后，赫然发现，其中一颗门牙已被撞得拉出来很长，显然是折断了，甚至，她那张小脸儿也因为那颗变形的门牙而变得扭曲。陪我们看房的售楼小姐吓坏了，而我除了手忙脚乱地帮着不停哭喊的京京擦试不断涌出的血，也不知下一步该做什么，只好掏出手机给几位做了妈妈的朋友打电话，咨询她们这种情况该如何处理。几通电话，大家各执一词各有理由和方法，有的说用盐水漱漱口即可，有的说不行一定要打破伤风针，答案不一。

可怜的孩子，就那样躺在我的怀里，哭声从惊天动地的喊叫直到有气无力的呻吟。

“去医院！”我对售楼小姐说，只有医生才能给出最合适的处理方案！。可是，那个小区正在建设中，园区根本没有医院，甚至没有医务室，最近的医院就是大厂回族自治县医院，而且尚在十公里之外。我抱着她跌跌撞撞地往小区的大门口一路小跑而去，售楼小姐帮我提着包在后面紧紧跟随。因为楼盘地处偏远，门口甚至没有一辆正规的出租车，只好打一辆“黑车”前往。

挂急诊，打破伤风针，开消炎药，按照同学的建议又请医生开了一瓶生理盐水让京京回来漱口。之后又请教了医生后续的系列问题，那位主治大夫说那颗牙可能很快就要掉下来，所以三四个月后必须到儿童医院做一种特别治疗——“间隙保持”，也就是做颗假牙放在原位置，否则会影响其他牙齿的发育和换牙……OMG，掉了颗牙，导致这么多的麻烦事。

也许因为哭得太久太累，京京在我的臂弯里睡着了。

在医院做完一系列紧急处理后，我们又打车回到楼盘所在地，那位售楼小姐放下手上的工作一直陪着我们，前后左右跑来跑去，一会儿送水，一会儿送茶，一会儿送零食。

暴风骤雨般的事故终于暂停，傍晚时分，我们辗转回到市区的家里，我把熟睡的她放到床上、盖好毯子。一切仿佛都安静了下来，我轻轻地替她擦拭着嘴角隐隐尚存的血痕，她却突然睁开了又红又肿的眼睛，第一句话就问我："妈妈，我的牙是掉了吗？"

看着她那颗明显变了形、将掉未掉的牙，以及早已红肿起来的嘴唇，我却无言以对，内心仍然有着如同被硬物滑过玻璃似的疼痛，我痛定思痛地自责，是我自己没有看好孩子，没有及时拉住她而让她在充斥着硬木家具的样板间里又跑又闹。但是事已至此，又该如何呢？我又悄悄地给几个有经验的长辈打了电话，其中包括远在故乡城市医院做药房主任的姑姑，话筒里的声音是平和的："没事儿的，小孩子的乳牙迟早是要掉的，大约是在六七岁吧。"

六七岁，京京现在只有四岁半，这就意味着她要有两三年豁牙子的时光，这对于天生爱漂亮的小女孩儿是多么残忍的事情。从此，爱照镜子的小家伙是否会害怕镜子、害怕镜子中的自己？

晚上，我为她下厨做了饭，做了她爱吃的西红柿鸡蛋面，可她却并未动筷子，只喝了些果汁。三更半夜了，看着已经入睡的京京的小

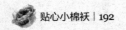

脸上还残存着的泪痕，我再也止不住自己内心的痛与懊悔，为何？为何那么贪心不足蛇吞象，安宁平静的生活不好吗？为何一定要去看什么破别墅？

　　第二天是周日，京京几乎一整天都没有吃什么东西，傍晚时分我只好带着她到超市买了几种不同品牌的幼儿成长奶粉，调配在一起给她喝，以保证营养均衡，然后又买了些水果，回到家削掉果皮把果肉捣碎后用开水冲泡，让她用吸管喝这种自制的"果汁"。可能饿了两天之后胃里真是空了，真是想吃东西了，她马上抱着杯子喝光了，接着说："我牙坏了，所以只喝不吃。"

　　看着她有了喝东西的欲望，我赶紧又倒些奶粉冲泡一杯，微凉后又加进去几滴蜂蜜，搅匀，可能因为这种"特制奶粉"口味较甜，小家伙又抱着杯子一饮而光。

　　我的心终于稍安。

　　半夜躺在她的身边，内疚感仍然在心中隐隐作怪，把美好的东西打碎，大概就是这种挥之不去的伤痛，我心想，如果那颗牙还能够恢复原状、那已经歪了的牙如果还能够被推回到原处，该有多好，也许医院可以做到吧。

　　辗转反侧了将近一夜，第二天一大早我没有带她去幼儿园，自己也没有去办公室上班，而是带着她直接去了离家较近的二炮门诊。抵达医院排队挂号，轮到我们时，窗户内的工作人员眼睛也不抬地说口腔科的号已满。我抬眼看看大厅中央悬挂的电子钟，才刚刚早晨八点多啊。紧接着，窗户内的医护人员说，今天口腔科有手术，你带着孩子到附近的医院再试吧。于是，我抱上京京，在门口拦辆出租车直奔上地医院。终于挂上了号，拉着京京到口腔科，爬到楼上就被门口排椅上坐着的几十位候诊的病号震住了，就这样在这里排队么？这种状况不到下午是不会轮到我们的。结果，我们愣是生生地坐在排队的病号群里，直到中午。然后，索性病也不看了，愤然离去。

但是我并未死心，第二天我起得更早，不信就排不上二炮门诊的号。这次，终于，如愿以偿。接待我们的口腔科大夫是位身材高大的军医，因为经验很丰富很专业并且有过诊治小孩子的经验，在检查之前先跟京京聊天、逗逗乐子，所以这次京京在穿着白大褂的医生面前没有哭，表现得很淡定。检查之后，大夫很严肃地对我说："你应当在事情发生的24小时之内带着孩子来医院，这个时间段之内可以给她做牙齿复位，而现在一切都晚了，你再带着她到魏公村的北京大学口腔医院看看吧，看看那里的大夫就没有更好的治疗方案，就在国家图书馆附近。"

大夫说的话让我的后背"刷"地一下子从脖子凉到了脚跟，我惭愧得不敢看京京，两天已过，她磕断的牙就被我这样生生地耽误了。抱上她，又打车到了大夫指定的医院。

北京大学口腔医院的号更是难挂，一进大厅就看到了满号的牌子指示。我们只好再一次讪讪地离去。

　　路上，我愤愤地给京京在外地工作的爸爸拨了电话："都说北京看病难，看来真的不假，我们跑了五家医院都挂不上号，每家医院都号满，京京的牙齿就这样一天一天被耽误了，她现在只能喝些流食，根本不能吃东西，我们这孤儿寡母怎么办啊？你这个当爹的要火速到京！"电话那端还在质疑，我就不由分说义愤填膺地挂断了。

　　周末她爸果然乖乖地来了，我让他次日起个大早到北大口腔医院去挂号，我们在家里等消息。不久，来电话了："根本没号，还有在医院打地铺排队挂号的，我联系了一个老乡开的私人诊所，一起过去吧。"

　　那家私人牙科诊所就在世纪金源附近，打车过去很快。年轻的医师是个浙江人，长得很文弱说话也还算厚道："先拍个片儿吧"然后让我抱着京京给牙齿拍片。立等可取，片子出来，医师指着照片说："看来这颗牙真的是磕断了，建议拔牙，否则那颗坏牙下面也许还会发炎，迟早要拔掉，晚拔还不如早拔"

　　拔牙建议又让我的后背冒出了冷汗，京京也吓得大呼小叫，她爸却坚决拥护他那老乡医师的建议。看着哭闹成一团的京京，我愤愤地冲她爸喊："要拔你拔，我们回家！"

　　而今，京京磕断的那颗门牙还长在那里，还没有掉下来，而且还有些复位的迹象，更重要的是她可以一如既往地吃东西了，只是吃得比较小心，她还一如既往地爱照镜子爱臭美。有时，她还会问："我的牙齿什么时候掉啊？是不是所有的小朋友都会掉牙？"

　　"是的，所有的人都会掉牙、都会换牙，噼里啪啦，噼里啪啦，谁不掉牙谁就长不大。"我回答。

2012年10月12日

贴心贴士

　　我们一定要学会保重自己和孩子，必要时也要学会网上预约医院的专家号。

院子、园长和G7

　　G7，"霸占"了幼儿园的院子。京京的幼儿园现在几乎没有可以进行室外娱乐的空间了，宽阔的户外院子让给了新近开通的G7高速。

　　之前，京京幼儿园的院子可漂亮了，地面铺着厚厚的防水防滑的地毯，四面的墙壁上画满了各种各样的漫画，有海洋世界的游鱼和珊瑚，还有春天的柳树和燕子。那真是一座姹紫嫣红的院子，院子里摆放着好几部滑梯，课间的时候总是充满了孩子们的欢声笑语。

　　可是，从今年春末夏初，这个美妙的院子就被推土机推平了，幼儿园不仅失去了户外活动的空间，京京上学和放学的路上也变得黄土遍地，甚至，我都不想给她穿很漂亮很干净的鞋子，再好看的鞋子，在那条路上走一走，也都会变得惨不忍睹。

　　种种的状况，我不得不想方设法为京京换个幼儿园，甚至有了不惜搬家的想法，然后就开始委托在CBD地区工作的同学帮忙在那个区域找房子找幼儿园。期间，我时不时地问京京："我们换个幼儿园好不好呢？那里会有新的同学、新的老师、新的朋友。"起初，京京总是强烈地反对："不嘛，新幼儿园没有好朋友。"但经过几次诱导，京京似乎可以接受换幼儿园这件事情了。

正当我为此忙得不亦乐乎之际，忽然，从夏季的某天早晨开始，我发现幼儿园大门口迎接孩子们的老师队列中有位奶奶般年纪的长者，戴一副眼镜，脸上满是笑容，总是在早晨明媚的阳光中站到年轻老师的最前面，额头沁着汗珠，她亲手从家长手中把一个个孩子抱过来，再转交给旁边的老师和班主任们，同时这位"奶奶"还抽空与家长们做些简单交流，然后目送家长们离去。

幼儿园这样一位新角色让我感动良久，也引起了我的特别关注。某天傍晚，我接京京的时间又是晚于18：00，那位"奶奶"仍然站在幼儿园大门，目送着每个孩子被家长接走。她看到姗姗来迟的我，回望一下早就开始欢呼雀跃的京京，迎上来说："你是王玺鉴的妈妈？我是这里的新园长……"

原来如此，这个幼儿园已经换过两任园长，但是能够每天在烈日阳光之下、站到教师队伍中迎候孩子们的，这位年纪最长的老人家却是做得最好、最让我感动的。

"玺鉴妈妈，有空到我办公室来坐坐吧，没关系，孩子可以再跟着老师玩一会儿。"我跟着老人家来到了她的办公室，与之前两任园

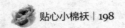

长不同的是，园长办公室整齐了很多，还多了很多玩具、教具，墙上还多了很多异国风情的图片。她指着墙上粘贴的那些照片说她刚从美国进行幼儿教育文化交流回来，之前，她管理过外交部几座幼儿园。

"我发现你的女儿特别聪明，反应很是灵敏，也很懂事……"

从那一席谈话中我还得知，她年轻时获得过三个硕士学位，曾任北京市某任市长助理，后来转到外交部系统工作，退休之后被这间民营幼儿园力邀加盟。

从此，我停止了换幼儿园和搬家的想法，虽然这个幼儿园没有了院子，但有了比院子、比户外活动和滑梯娱乐更加可贵的东西。

2012年10月15日

贴心贴士

　　加入孩子的生活圈子，也会对我们有益。

兴趣班

"我都上大一了！"

自从她今年9月份升到了大班而且被分到大班中的第一班后，只要有人问她"京京你读什么班了？"她都会一本正经地如此回答，搞得大家啼笑皆非，仿佛，这么个小人儿真是已经读到大学一年级了一般。

不过，京京的书包显然是越来越重了，随着她年级越来越高，开设的课程越来越多，而且，每个课程的课本和教材也越来越厚。除了必须学习的那将近十门课程之外，幼儿园还开设了一系列"选修课"，就是坊间所谓的"兴趣班"。

不知为何，自从升到了"大一"，京京对兴趣班的渴望越来越强烈，甚至"逼宫"般地催促、强迫我为她报那些眼花缭乱的各种兴趣班。在她第一次提要求报舞蹈的时候，我替她报了舞蹈，在她第二次要求报英语的时候，我替她报了英语。次日，她就搬回来一大盒子英语课件，包括种种单词卡片和光盘。结果，小家伙还是不甘心，又提出了第三次要求，想报思维小班，拗不过她的兴趣和渴望，我只好又为她补报了思维。最近，小家伙又说，舞蹈她不太感兴趣了，倒是觉得拨动很多珠子的那个班挺好玩儿的——她指的是珠心算。认真地想想，我不由得吓了一跳，让一个三五岁的孩子把算盘珠子算得那么清清楚楚会有多少益处呢？况且，这些三五岁的小娃娃们真的会从算盘上学会那么多的加减乘除吗？有没有必要呢？即使能学到些皮毛，对小孩子而言是不是拔苗助长呢？

最近很偶然与一位"奶爸"对坐畅谈育儿心得，正好，他家的女儿比我们家宝宝大几个月，也是金猪宝宝，可想而知，我们在育儿方面有太多共同的话题、太多相似的细节，言谈话语之间也谈到了兴趣班。他说他们家的金猪宝宝就没有报兴趣班，因为家里有爷爷奶奶、姥姥姥爷、爸爸妈妈陪着玩儿，但他女儿的小玩伴报了那个幼儿园从周一到周五几乎所有的兴趣班。

话到此处，我非常惊讶，忙问究竟。

"奶爸"说，女儿的玩伴是单亲家庭的孩子，父母离异，爸爸因种种原因常年不来看望陪伴孩子，而妈妈忙于工作，经常加班加点，甚至不得不请邻居们帮着接送孩子去幼儿园。这样常年下来不好意思麻烦左邻右舍，这位妈妈就为女儿报了所有的兴趣班，因为这些小班都是幼儿园放学之后才开课一个小时，所以就可以每天晚接一个小时，不算迟到，不需要再向幼儿园缴付因为晚接而产生的额外费用。

心有戚戚焉。

此时，我的心不禁隐隐作痛，我特别能够理解那位单亲妈妈，因为我这个学期之所以慷而慨之地为京京报了四个兴趣班，一方面是为了满足小家伙儿闹腾来闹腾去的要求和愿望，另一方面其实就是为了可以用兴趣班的学费抵免那些晚接迟到的额外费用。

兴趣班，兴趣班，其实，只有单身母亲们才最有兴趣啊。

2012年10月12日

贴心贴士

如果孩子很有兴趣学习，而自己却在那些领域不专业，那么，索性给孩子报名参加兴趣班。

Sherry和京京

对于京京而言，Sherry阿姨不是远道而来的客人，不是严肃的学者教授，而是与我们朝夕相处的亲人，是我们的家庭成员。Sherry的到来给我和京京在北京的清淡寂寥生活平添了很多的异国情调。

Sherry来自纽约，我们初识于2009年初夏，盛夏时节Sherry又来我家作客。我大着胆子以拙陋的甚至谈不上厨艺的厨艺为她做了西红柿鸡蛋面，没想到她很捧场，宽容地以美国式的夸张语调说："太好吃了，不错啊，没想到你这么职业的人还会做饭啊！"表扬完之后扔下一句"我还需要倒时差"就宾至如归地到我家卧室小睡了一会儿。也许，正是这一小会儿午睡注定了我们之间更加深厚更加密切的机缘。

2010年春节刚过，我把京京从浙江老家带回北京。刚回到北京的那天深夜，手机突然响了，屏幕上跳动着一行不规则的数字，显然是国际长途，是Sherry。"我一周之后到北京，所以需要在北大附近找个房子。"我边听着她的电话边环顾我这套空旷的房子及床上熟睡的孩子，心想如果有人来家里与我和京京一起住该有多好哇，于是马上回应说："你还找什么房子啊，索性就住在我家里好了，我家的床你又不是没睡过。"电话那边传来一串开心的笑声："好吧，就这样定了。"

但是，望着熟睡中的京京，我还是很忐忑，惴惴不安吱吱唔唔地说："只是我家里有个小孩子，没事儿吧？"

还没等我"但愿她不会吵到你"说出口，Sherry就爽快地说："没事儿啊，有小孩子在家里多么富有生活气息呀。"宽容的语气让我紧张的心情立马舒缓了下来，挂掉电话之后连夜把北面的那间卧室认真收拾清扫一翻，换上新的床上用品，只等她来。

一周之后的某个早晨，Sherry从纽约飞回中国，落地北京之后的第一个电话就是打给我，第一站就是我家。我帮着她把大包小裹提上楼，帮她安排好房间，电话、宽带、床铺被褥，带她看厨房与洗手间，指给她附近的超市和银行，熟悉到北大清华的交通路线，协助她初步厘清琐碎的生活细节。京京，这个只有两周岁的小家伙同时跟着我们在几个房间里跑来跑去兴奋不已，嘴里喊着"Sherry阿姨，Sherry阿姨"，Sherry应当是京京学会的第一个英语单词，也是脱口而出次数最多的一个单词。

Sherry住进来之后的那几天，京京非常兴奋，每天早晨都起得很早，然后蹑手蹑脚地趴到Sherry的房门口"偷听"她打电话，因为时差，北京的早晨就是纽约的晚上，那个时间段正好是Sherry与她远在美国的先生"话聊"的时间，而且他们沟通的第一语言是英文。在外边偷听的京京听不懂那些叽哩咕噜的语言，越是听不懂越是想趴在门口听，有好几次她索性直接撞进Sherry的房间里问："阿姨你在说什么呀。"阿姨顺着刚刚讲电话的口气用英语回答了一句，她更听不懂了，跑回到我们的房间怯生生地、小心翼翼地问我："妈妈，阿姨打电话，她在说什么啊？"

"阿姨在讲英语，京京现在还小听不懂，京京长大后学了英语就会知道了。"我解释着。

"英语？"小家伙儿还想追根问底，我知道她这样的车轱辘问题无休无止，也让人无以作答，回答完一个还有另一个，我只好随便应付道："英语是其他国家的语言，我们只有通过学习才能听得懂。"

"其他国家？"小家伙儿更纳闷了，还想打破砂锅问到底，我赶紧给她堵了回去："京京我们一起学习吧。"然后把她带到客厅里引导她看墙上贴着的汉语拼音和英语字母的彩色贴画。

Sherry入住我家的那年，适值京京两岁，还没有断奶，每天晚上我都要为她冲泡奶粉，让她抱着热呼呼的奶瓶子边喝边呼呼，那个热奶瓶似乎也成了她每天催眠的道具，只要小家伙叼上奶嘴儿，离睡着也就不远了。虽然如此，京京也有偶尔不乖的时候，比如因为某些原因她会突然半夜醒来哭闹，比如尿床了，比如做噩梦了，比如饿了，比如睡觉时打滚儿踢了被子、着了凉及突发的头疼脑热肚子痛等等，这些偶然状况几乎每个月都会发生。即使再健康的孩子，两岁左右也都是问题频出的年龄段，每每这种时候，睡在另一卧室的Sherry会被京京的哭闹声惊醒，她总是会从那个卧室走到我们这间卧室并揉着惺忪的眼睛问："怎么回事啊？每每此时，我的心中总是充溢着无言以表的歉意。

五月下旬的时段是，Sherry拉起行李飞回了美国，我们这个家里立马就空洞了很多、安静了很多。虽然离开之前Sherry一次次地告诉"京京阿姨要走了，京京要乖哦"，虽然经过了与我们一次次的拥抱告别，Sherry回国之后京京还是一次次地跑到她的房间门口，望着那间空荡荡的屋子转回头问我："Sherry阿姨呢？"的确，家里没有Sherry的日子，我和京京的生活安静了很多，也寂寞了很多。

第二学期伊始，Sherry提着行李从美国归来了，京京激动得像只小燕子似的在房间里跑来跑去，一大一小的这两个人久别重逢，显得比我还熟悉还亲热，Sherry阿姨从美国为她带来了各种各样的点心和巧克力，花花绿绿的包装以及在那些瓶子和盒子上印刷的英文让京京非常好奇，不停地问这里写的是什么呀，那些字母是什么意思啊。Sherry已完全适应了京京在家的环境，而且，随着小家伙的不断长大，随着我和Sherry的不断调教，京京变得越来越乖巧，越来越善解人意了，而且，英文水平不断提升，甚至已听懂了Sherry阿姨讲话时的中英夹杂。

2011年Sherry又受聘于复旦大学，于是在上海居住的时间更久些，但每次降落到北京的第一站便是我家，她一定要来看看我们的京京，而每次sherry拉着行李离开，京京都会掰着手指头数着sherry回来的日子。

人生何处不相逢。

在京京和我的心目中，Sherry 与我们早已是一个屋檐下的一家人。

日子一晃便是三年，既漫长，又短暂。

2012年9月28日

> 请多为孩子寻找几个玩伴，不限年龄。

校车，校车

国内的校车事件层出不穷，有多起是幼儿园和小学的校车事故。每次看到或听到这样的新闻，我都会惊心动魄地感慨，甚至心口处会产生微痛。

事不关己，高高挂起。这种触目惊心的切肤割肉般的心痛，在我自己做母亲之前是从来没有过的，虽然那些不幸并未发生在自己孩子身上，可是，每每，仍免不了深深地伤感。这样的时刻，我总是抱着京京感到庆幸，庆幸她可以常年依恋在妈妈身边，没有成为留守儿童。我深知，很多事故和不幸都跟父母不在身边有关。

记得某年某次央视新闻报导湖南某地校车运载附近好几个村庄的孩子们到学校上学，过桥时遭遇桥塌车翻，校车跌落到河里，车上14位孩子全部丢了性命。这不是天灾，而是人祸，祸害了那一个个天真

活泼的孩子，这些可爱的孩子，他们的笑容也曾经灿烂如花，他们本来也是父母亲的掌上明珠和乖娃娃，他们还没有来得及享受一个生命本该享受的一切，就那样早早地离去。

其实，那辆美其名曰的校车是辆破旧的农用三轮车改装而成的。试想，多少辆所谓的"校车"是用报废的面包车改造拼装而成的，还有多少个学校、多少孩子甚至没有校车可乘？

记得还有多起关于幼儿园校车闷死孩子的事故。某起事故发生的时间正值夏天，车里一个座位上的孩子睡着了，跌落蜷缩到了座位下面。结果校车抵达目的地后，其他孩子都下了车，唯独那个孩子还在座位下面熟睡。司机却把校车径直开走了，停放到露天地里晒着太阳长达8个小时！等大家发现时，孩子早已停止了呼吸，一个曾经活蹦乱跳的三岁的孩子就这样活活地被闷死热死在校车里。

这种低级到白痴、脑残的事故竟然在最近几年屡屡地在国内发生，安庆、广州、三亚等城市都有过类似的事故。一个个鲜活可爱的小生命就那样无辜地离开人世，一个个不幸的家庭要承受多么巨大的心灵之痛。我真的无法想象其父母、亲人将如何面对如此惨痛揪心的悲剧，我甚至不敢再进行深层次的推理。

为何，幼儿园的教师和司机就那么疏忽？难道司机在孩子们上车后不清点人数，下车时不与老师一一交接对照？这些从事幼儿工作的人们呢，良知去了哪里！他们的玩忽职守，就等于草菅人命！

至今，国内尚没有关于校车管理的明确法律规定。

至今，国内尚没有关于校车制造的统一标准和法案。

至今，国内尚没有一座校车工厂。

标准、制度等软件硬件的缺失，导致多少人在浑水摸鱼，导致多少孩子命归黄泉？

湖南校车事故之后，央视著名主持人白岩松专门做了一期关于校车的专题栏目，他亲赴大洋彼岸采访报导了美国的校车标准和运行规则。时至今日，三年已过，还未看到国内统一标准的校车出炉。

今年6月我有机会到美国旅行度假，我辗转于纽约、新泽西、华盛顿、费城、马里兰州等地，看到在公路上奔跑着的橘黄色校车，高高的、宽宽的、大大的，强壮威武高大无比，其庞大的外形看起来超过了载重卡车，其鲜艳的颜色超过了消防车，其彪悍凶猛的样子超过了城市越野车。既像悍马又如坦克，这样的有些像战车般的校车，一辆又一辆，成群结队般地行驶在美国的公路上，所向披靡，似乎所有的车辆都在为这些橘黄色的校车让路。

美国所有校车都是一种颜色、一种型号、一种规格……这就是美国式的标准化。

记得白岩松的报道里说，美国曾经也有一起与校车相关的交通事故，相撞的车辆惨不忍睹，而校车及校车内的几十名孩子都安然无恙。大家可以想象美国的校车该有多么坚固、多么安全。而且，美国校车的驾驶管理、幼儿乘车安全培训都是非常完善、非常严格的。

美国之行的那几日，我几乎对所见到的每辆呼啸而过的校车行注

目礼。我想，我所尊重和心驰神往的，不仅仅是那些整齐划一的车，更重要的是那些车的标准。我情不自禁地思忖，坐在那些校车里的美国孩子们该是多少安稳、多么无忧、多么幸福，他们的家长该是多么放心啊！然后又无可奈何地感叹中国何时才会有这样的校车呢。

我们的国家，不乏教育管理机构，不乏交通安全治理机构，不乏汽车制造厂，更不差钱也不缺乏有钱的亿万富翁。那些金融机构有钱投资到生态农业、投资到度假旅游、投资到别墅庄园、投资到娱乐城和影视大片，为何，就不能拿出一部分投资到校车的研发生产呢？

我想，如果可以也把那种悍马和坦克般的安全带给中国的孩子们。中国的校车，应当是所有机动车辆中的战斗车，让我们的孩子坐在其中无比安稳，无比欢乐。

志同道合者，一起来。

2012年10月10日

贴心贴士

幼吾幼以及人之幼。作为父母，带好自己的孩子是义务是责任是天职。真希望中国不再有孤儿，不再有留守儿童，不再发生校车事故，希望所有的家长和孩子都能承欢膝下，所有的孩子都能在自己父母身边幸福成长。

后 记

谁在敲门?

好句三年得,一吟泪双流。5年的时光,20万字的成长痕迹。

掩卷的此时,不禁泪眼婆娑,不是伤感,而是喜极而泣。即使岁月蹉跎,过往的那些无可奈何都已经擦肩而过,沉淀下来的内容大都是笑语欢歌,大都是痛定思痛的愉悦和大彻大悟的宽怀幸福。

一切形诸于文字,自己终可以解脱。

正如破茧成蝶,正如金蝉出壳。

淡泊宁静的心情,从来没有如此尘埃落定的释然,我在享受着"贴心小棉袄"成长的幸福的同时,也在享受着另外意义上的幸福。

从来没想到5年之前在网上开辟的日志与笔记体裁的育儿记录"京京的上书房"会在5年之后得以结集出版,得以在清华大学出版社凝结为带着墨香和幸福味道的文字从而进行广泛传播,其中最为关键的推动人物当属本部著作的出版人、清华大学出版社张立红老师。我想,她正式发起本书的邀约,不仅仅止于她对我那些文字的赏识,更重要的是基于她6年以来对我生活与工作的耳闻目睹和陪同鉴证,也许更更重要的是在这些漫漫岁月里积累起来的感慨和感动,她才是本部作品最为原始的启蒙。

张立红老师和我的关系,曾被她的先生戏谑地称谓"同性恋"。京京的成长和我的生活工作,都与张老师和她的先生及他们全家悉悉相关。京京在我肚子里时，因为清华大学培养计划的项目推广关系结识了张老师。那时，她总是和助手抱着成摞成摞的书籍诸如《基金经理》《高位出局》参加各种财经高峰论坛，这种状态与我当年抱着成打成打的杂志出席社会活动何其相似，从她的言行举止里，我仿佛看见了自己。

也许正是如此的惺惺相惜和相互激励，命运才让我们走得如此之近，近到她是出版人，我是她的签约作者，近到她住在马路西侧的小区，我住在马路东侧的小院。甚至，我经常会在万不得已之际把照看京京的责任理所当然地转嫁给张老师全家，直到现在我才知道，张老师的先生连他自己的儿子都没有亲自接送过幼儿园；直到现在我才知道有很多次张老师都是带着感冒发烧的病状步行前往的，而从幼儿园步行她家的时间需要半小时。

2009年，张立红老师所在的出版事业部又从美国引进了一部获得奥斯卡奖项的作品《当幸福来敲门》，我想，正是她送给我的这部书，导演了我这部《贴心小棉袄》，而且，其中的某些情节，何其相似？区别无非是一个是"单身"父亲、一个是"单身"母亲，一个黑色人种，一个黄皮肤，一位是活跃于纽约华尔街的黑人投资家，一位是奔走于北京金融街的蹩脚金融工作者，一个高大威猛，一个弱柳扶风。

《当幸福来敲门》是美国式励志真实故事，这部著作在美国由Harper Collins出版后曾荣登《纽约时报》畅销排行榜第一名。本书是美国著名黑人投资专家克里斯·加德纳的自传，是一个从贫民窟到华尔街、底层黑人白手起家的商界传奇，也是一部历经磨难不离不弃、单亲父亲感人至深的励志经典，作者用生命诠释了责任和奋斗以及如何去实现梦想。书名中"Happyness"的拼写错误其实别具匠心，它暗指了书中一个非常重要的场景，读者可亲自揭开谜底。华尔街不是靠MBA发展起来的，它的发展依靠的是PSD，PSD就是出身贫寒（Poor）、天资聪颖（Smart）、愿意用勤奋改变自己的命运（Desire）。

　　也许是我在潜意识里效仿那位黑人投资家：无家可归流浪街头的单身父亲，腋下夹着纸尿裤、手推着破烂婴儿车，车内是1岁半的儿子和全部家当，而我直到2012年下半年还在推着婴儿车，那是我买过的第9辆，虽然京京将近5周岁，可还是经常被我扔到婴儿车上到处奔走，地域范围包括但不限于北京、杭州、上海、南宁、青岛、威海、葫芦岛等地。这甚至已被诸多圈内的朋友奉为笑谈。

　　5年笔耕，1000多个不眠之夜，数百次的伏案疾书，贴心记录贴心女儿的成长细节，《贴心小棉袄》不仅是单身妈妈的育儿笔记，更是对单身母亲们的体己私房话，这些文字累计多达20万字，5年的时间里笔记本电脑已换了几个，甚至有两部电脑已忘记开机密码，以至于最终不得不从博客中一篇一篇地拷贝出了这些文章，加以修订，汇集成册，如同亲手把一颗颗散落的珍珠串成美丽的项链。

　　至此，《贴心小棉袄》终成书稿。

　　往事重现。在清华大学出版社审校此部稿件的过程中，编辑部的同仁们经常会惊讶地问我一系列问题：看你经常这样精神抖擞兴高彩烈，好像什么事儿都没发生过，难道你不怨恨孩子的父亲么？5年的时间里他在养育孩子这件事上没帮上你什么忙啊。

　　面对诸如此类的疑问，正如我对于"血浓于水"的无语。很多次，当京京说我想爸爸了或想给爸爸或奶奶打电话了的时候，她的爸爸或奶奶的电话就会应声而来。如此种种，我惊得目瞪口呆。面对这

样的不约而至，看到这样的心有灵犀，我不敢，亦不能，有任何幽怨，除了笑逐颜开。

在一种近乎拈花微笑的境界里，我听到有人轻叩门扉，是幸福么？

2013年1月29日 北京 清华园